Martin Nusch

111 OLDTIMER-STORIES DER 50er & 60er JAHRE DIE  MAN KENNEN MUSS

emons:

INHALT

IKONEN | 8

1___ Austin Mini Cooper S
Der größte Kleine | 10

2___ BMW 507
Bavarian Beau | 12

3___ Corvette C1
Chevrolets Sportler | 14

4___ Citroën DS
Göttlich! | 16

5___ Ferrari 335 Sport Scaglietti
Verkauft! | 18

6___ Fiat 500
Nuova | 20

7___ Ford Thunderbird
Das Brautauto | 24

8___ Jaguar E-Type
Eine Motorhaube und zwei Sitze | 26

9___ Land Rover Serie I
The go anywhere vehicle | 28

10___ Mercedes 300 SL
Der Flügeltürer | 30

11___ NSU Ro 80
Immer im Kreis | 32

12___ Porsche 911
Der Elferkult | 34

13___ Rolls-Royce Silver Cloud
Auf Wolken | 38

14___ Trabant 600
Die Pappe | 40

15___ VW Käfer Cabrio
Beginn einer Leidenschaft | 42

16___ Willys Jeep
Wir brauchen ein Auto – schnell! | 44

DAS STRASSENBILD
DER 50er UND 60er JAHRE | 46

17___ Alfa Romeo Giulia
Amore Milano | 48

18___ BMW 700 Coupé
Kleines Auto, große Wirkung | 50

19___ Borgward Isabella Coupé
Testers Traum | 54

20___ Citroën Ami 6
Die Berline für Sitzriesen! | 56

21___ DKW 3=6 Vemaguet
Aus São Paulo | 58

22___ Fiat 1300
Besser als nötig | 62

23___ Ford Taunus 12 M
Der Streifentaunus | 64

24___ Glas Goggomobil
Vier Sitze auf drei Metern | 68

25___ Jaguar Mark 2
Schnell! | 70

26___ Kleinschnittger F 125
Zwergroadster aus dem Sauerland | 74

27___ Mercedes 200 D (W 110)
Die Heckflosse | 76

28___ Opel Kadett A Coupé
Sentimental Journey | 80

29___ Panhard PL 17
Fast vergessen | 82

30 Peugeot 404
Die Löwin | 84

31 Renault 4
La Parisienne | 88

32 Saab 96
Das Saab-Gefühl | 90

33 Simca 1000
Ein Auto mit Gesicht | 92

34 Triumph TR 2
Viel Zukunft | 94

35 Volvo Amazon
Serie 120 | 96

36 VW Karmann Ghia Cabrio
Der Typ 14 | 100

37 Wartburg 311/5 Camping
Panoramablick in die DDR | 102

FILMSTARS UND PROMINENTENAUTOS | 106

38 Alfa Spider 1600
Der Duetto | 108

39 Aston Martin DB5
Das Bond-Auto | 110

40 Autobianchi Bianchina
Eden Roc | 112

41 1959 Cadillac Miller-Meteor Futura
Das Ectomobile | 114

42 Citroën Méhari
Die Strandente | 118

43 Daimler DK 400
Das goldene Zebra | 120

44 Ferrari 250 GTE Pininfarina
2+2 = Viersitzer | 122

45 Ford Mustang
Fastback | 126

46 Hindustan Ambassador
Indiens Taxi | 128

47 Lancia Aurelia B24 Spider
Überhol! | 130

48 Mercedes 190 SL
Das Nitribitt-Auto | 134

49 MGA
95 Prozent exportiert | 136

50 Opel Kapitän P 2,6
Das Auto vom Boss | 140

51 Peugeot 403
Als Cabrio berühmt | 142

52 Plymouth Fury
Christine | 144

53 Volvo P 1800 S
The Saint | 146

KONSTRUKTEURE UND DESIGNER | 150

54 Abarth 205 Vignale Berlinetta
Einer von dreien | 152

55 Alfa Romeo Giulia GT
Der Bertone | 154

56 Iso Grifo A3/C
Von Bizzarrini | 158

57 BMW 3200 CS
Mit Hofmeister-Knick | 160

58 Chevrolet Impala Convertible
Die Fledermausflosse | 162

59 Lancia Flaminia GT
Von Touring | 164

60 Mercedes 230 SL
Die Pagode | 168

61 Opel GT
Grand Tourisme für jedermann | 170

62 Porsche 356
Eine große Familie | 174

63 Renault Floride
Eins von 230 | 176

64 Studebaker Avanti
Von Raymond Loewy | 178

AUTOS MIT SPITZNAMEN | 180

65 Austin-Healey Sprite
Der Frosch | 182

66 BMW 502
Der Barockengel | 184

67 Citroën 2CV
Die Ente | 188

68 Ford Taunus 17 M (P3)
Die Badewanne | 190

69 Fiat 500 C
Il Topolino | 194

70 Lloyd LP 300
Der Leukoplastbomber | 196

71 Mercedes 300
Der Adenauer | 198

72 Renault 4CV
Das Cremeschnittchen | 200

73 Volvo PV 444/544
Der Buckelvolvo | 204

74 VW-Bus (T1)
Der Bulli | 206

TECHNISCHE FINESSEN, VERBLÜFFENDE IDEEN | 208

75 Amphicar 770
Nur mit Sportbootführerschein | 210

76 BMW Isetta
Der Eintürer | 212

77 Chevrolet Corvair Monza
Unsicher bei jeder Geschwindigkeit? | 214

78 Citroën Traction Avant
Der Gangstercitroën | 216

79 Costin-Nathan GT
Klopf auf Holz! | 218

80 DAF 31 »Daffodil«
Die Variomatic | 220

81 Fiat 600 Multipla
Volare! (Nel blu dipinto di blu) | 222

82 Ford Fairlane 500 Skyliner
Retractable Hardtop | 226

83 Goliath GD 750
Bremen gegen Hamburg | 228

84 Maserati Quattroporte
Der Viertürer | 230

85 Messerschmitt KR 175
Der Kabinenroller | 232

86 NSU Wankel Spider
Die Wankel-Story | 236

87___ Peel P50
Der Kleinste | 238

88___ Tatra 97
Der tschechische Vor-Volkswagen | 240

89___ Zündapp Janus
Zweimal erste Reihe | 244

UNBEKANNTE STARS | 246

90___ Alfa Romeo BAT
Drei Aerodynamik-Studien | 248

91___ BMW 1600 GT
Der BMW, der eigentlich ein Glas war | 250

92___ Ford Edsel Ranger
Ein schöner Flop | 252

93___ Facel Vega HK 500
Eine teure Idee | 254

94___ Honda S800
Esuhachi | 258

95___ Lamborghini 400 GT 2+2
Il Toro | 260

96___ OSI Ford 20M TS
Ein Kölner Italiener | 264

97___ Porsche 912
Der kleine Elfer | 266

98___ Renault Rambler
Ein amerikanischer Franzose | 268

99___ Rometsch Beeskow
Unten VW, oben Concours | 270

100___ VW Typ 147
Der Fridolin | 274

DAS AUTO ALS SPORTGERÄT | 276

101___ Abarth 1300 OT
Il Periscopio | 278

102___ Alpine A110 Berlinette 1300
Rédélés Renault | 280

103___ AC Aceca
Das Ass mit Dach | 282

104___ Austin-Healey 100
Ein internationales Hobby | 284

105___ DKW 3=6 Monza
Der Renner aus Panzerpolyester | 288

106___ Ford GT40
So'n Männerding | 290

107___ Hillman Imp
Der Kobold aus Schottland | 292

108___ Maserati 3500 GT
Im Stand schön | 294

109___ Melkus RS 1000
Der DDR-Rennwagen | 296

110___ Morgan 4/4
Dornröschen in Grün | 298

111___ TVR Grantura Mark IIa
Der Bausatz | 300

Vorwort

Jeder Oldtimerbesitzer ist so etwas wie ein Museumsdirektor. In einem Museum geht es ja nicht darum, was die Sammlung genau wert ist, sondern ums Zeigen, ums Vermitteln, darum, dass Leute sich etwas anschauen, dass ein Interesse geweckt wird. Auch die Männer (und eine fröhliche Minderheit an Frauen), die sich mit alten Autos beschäftigen, tun das nicht nur aus Freude am Fahren und Spaß am Schrauben. Die allermeisten erzählen auch gern darüber. Sie führen vor, ordnen ein, geben Wissen weiter. Und im Unterschied zum Museum muss man nicht mal Eintritt bezahlen, wenn man am Straßenrand eine Auto-Geschichtsstunde bekommt.

Für dieses Buch habe ich mit sehr vielen solcher Museumsdirektoren gesprochen. Manche haben Hallen voller Oldtimer, viele nur einen einzigen. Aber alle haben sich gefreut, über ihr Hobby berichten zu können. Einige haben mich ein Stück mitgenommen, ein paarmal durfte ich sogar selbst ans Steuer. Beim Blättern werden Sie merken, dass nicht alle Nummernschilder aus dem deutschsprachigen Raum sind. Japanische Veteranenfreunde sind mindestens genauso aktiv wie die in Deutschland, Frankreich oder Pakistan. Die Oldieszene ist international.

Zu jeder Story in diesem Buch gibt es auch ein paar technische Daten. Dabei habe ich immer versucht, den damaligen Anschaffungspreis einzuordnen – und zwar umgerechnet in die Währung, die jeder kennt: in VW Käfer. Über die heutigen Marktpreise sagt das meist nicht viel aus, die entwickeln sich teilweise sowieso viel zu rasant, um sie in einem Buch festzuhalten. Preiswerte Einstiegsmodelle wird es dennoch immer geben. Aktuelle Infos dazu bekommen Sie bestimmt bei einem Oldtimertreffen in Ihrer Nähe. Wenn Sie dort – oder in diesem Buch – Ihr Traumauto finden, machen Sie bei uns mit: Werden auch Sie Museumsdirektor!

Martin Nusch

— Unsere Währung
zum Umrechnen aller
Preise in diesem Buch:
der Volkswagen,
damals eines
der günstigsten Autos.

IKONEN

STA
M 823H

1 Austin Mini Cooper S

Der größte Kleine

Alec Issigonis zeichnete den ersten Mini-Entwurf 1956 in seinem Stammrestaurant auf eine Serviette. Bescheidene Anfänge eines bescheidenen Autos, könnte man sagen. Aber Alexander Arnold Constantine Issigonis, 50 Jahre zuvor in Izmir zur Welt gekommen, als Sohn eines Briten griechischer Herkunft und einer deutschen Mutter, war gar kein so bescheidener Typ. Im Umgang war Sir Alec eher ruppig und kompromisslos – und so war auch sein Mini, trotz des niedlichen Namens, mehr auf der robusten Seite. Im Vergleich mit anderen Kleinwagen aus der Zeit, die wir in diesem Buch auch noch kennenlernen werden, war der Mini schon rein optisch viel kräftiger. Die Form war so gut, dass sie fast unverändert 40 Jahre lang gebaut wurde – mehr als fünf Millionen Mal!

Die ersten Exemplare, die ab 1959 über die Straßen rollten, hatten Schiebefenster, drei Farben zur Auswahl und kaum Ausstattung. Fürs Öffnen der Türen von innen gab es einen Seilzug, die Karosserie wog kaum etwas, so hatte der 34-PS-Motor nicht viel Arbeit, jedenfalls solange man allein drin saß – gedacht war das Auto für vier Personen plus Gepäck. Ein alter Bekannter von Issigonis verfolgte die Mini-Entwicklung sehr aufmerksam: John Cooper, erfolgreicher Rennfahrer und mit seiner Cooper Car Company auch Rennwagenbauer. Er lag den Austin-Machern so lange mit seiner Idee vom Renn-Mini in den Ohren, bis die ihm eines der ersten Exemplare überließen, um das mal auszuprobieren. Es klappte: Ein paar Änderungen an Fahrwerk, Motor und Getriebe machten aus dem Familien-Kleinwagen einen Rallyeschreck, der es mit viel größeren und stärkeren Fahrzeugen aufnahm. Siege bei der Rallye Monte Carlo setzten dem »Mini Cooper S« die Krone auf.

Wer sich wundert, was das für Drähte sind, die da durch die Windschutzscheibe unseres Foto-Minis laufen: Das ist eine Scheibenheizung! Der blaue Kleinwagen ist einer der allerersten Cooper S, war einst ein Werksrennwagen und wurde später auf Linkslenkung umgebaut. Statt wie damals die Targa Florio, belebt er heute den Kölner Stadtverkehr.

Gebaut von 1959 bis 2000,
knapp 5,4 Millionen Minis.
Länge: 3,05 m, Höhe: 1,35 m.
Als »Mini 850« mit 34 PS,
als »Cooper S« 77 PS, 156 km/h.
Damals entsprach der Neupreis:
1,3 VW Käfer Standard (850)
bzw. 1,4 VW Käfer Cabrio
(Cooper).

S
AUSTIN COOPER
K WL 176H

2_ BMW 507

Bavarian Beau

Albrecht Graf von Goertz, geboren 1914, wuchs auf dem Gut der Familie in der Nähe von Hannover auf. Für Autodesign interessierte er sich schon früh, aber erst mal musste er »was Richtiges« lernen: Banklehre in Hamburg und London. 1936 emigrierte Goertz in die USA. In New York war er begeistert von der Tuning-Szene, die alte Fords tieferlegte. Im Jahr 1939 war sein erstes selbst gestyltes Auto fertig: der »Paragon«, ein stromlinienförmig verkleideter Mercury, den er in San Francisco auf der Weltausstellung zeigen durfte. Mit diesem Fahrzeug als Visitenkarte lernte er später Raymond Loewy kennen (siehe Nummer 64), der ihm Aufträge verschaffte.

Zeitsprung in die Mitte der 1950er Jahre: Bei BMW in München liegt ein Roadster-Entwurf auf dem Tisch, aber der einflussreiche US-Importeur Max Hoffman findet ihn nicht schön. Seine Meinung ist wichtig, auch die Konkurrenten von Porsche und Mercedes machen Modell-Entscheidungen zu der Zeit davon abhängig, was Hoffman denkt. Er mäkelt aber nicht nur an den Skizzen herum, sondern schlägt den Münchnern gleich einen Designer vor, den er aus New York kennt: Graf Goertz. Der schickt schnell Zeichnungen, und ein Jahr später ist der 507 der gefeierte Star der IAA in Frankfurt. Zum Geldverdienen eignete sich das Cabrio für BMW nicht: Nur gut 250 der Traumautos konnten verkauft werden, für die allermeisten Kunden war der 507 zu teuer. Aber fürs Markenimage war er gut – und ist es bis heute.

Für viele ist der 507 das schönste Auto der Welt. Da nehmen Besitzer auch mal etwas mehr auf sich, damit wirklich alles stimmt. Der weiße Roadster rechts hat den weiten Weg von Florida bis Bayern schon zweimal zurückgelegt. Beim ersten Mal wurde der Motor perfektioniert, der zweite Trip war angesagt, damit eine Nasen-OP durchgeführt werden konnte … ein alter, schlecht verheilter Unfallschaden sollte gerichtet werden, und zwar perfekt. Dazu wurde das Auto komplett demontiert. Was am Schluss rauskommen soll, ist klar: einer der besten BMWs überhaupt, ein 507 für den Schönheitswettbewerb – seine natürliche Umgebung.

Gebaut von 1955 bis 1959, etwas über 250 Exemplare. Fast alle existieren noch. 3,2-l-V8-Motor mit 150 PS, Höchstgeschwindigkeit: 215 km/h. Damals entsprach der Neupreis: 7,8 VW Käfer Standard.

3_ Corvette C1

Chevrolets Sportler

Der Vater der Corvette war Harley Earl, Anfang der 1950er Design-Chef bei General Motors in Amerika. Er beschloss: Ein schickes, nicht zu großes Sports Car würde dem Konzern gut ins Portfolio passen. Zum GM-Konzern gehörten mehrere Marken, und die Corvette war zunächst ein Geheimprojekt mit dem Codenamen »Project Opel«. Nur eine Handvoll Leute arbeiteten daran, abgeschirmt von der Öffentlichkeit. Dass wirklich die deutsche Tochter Opel das Auto bauen sollte, war nicht vorgesehen. (Der Opel GT brachte dann später doch noch etwas Vette-Flair zu uns, siehe Nummer 61.) Earl entschied, dass der schöne Sportler als Chevrolet verkauft werden sollte. Er zeigte dem Chevi-Chef den ersten Prototypen, der war sofort begeistert, und im Januar 1953 stand die weiße Ur-Corvette auf der Motorama. Diese spezielle GM-Designmesse fand im Waldorf Astoria in New York statt. Keine sechs Monate später rollten die ersten Serien-Vettes vom Band.

Die Corvette wurde nie aus Stahlblech gebaut, sondern immer aus Kunststoff. Das ist bis heute so, über alle inzwischen neu entwickelten Baureihen hinweg. Was sich änderte, war die Form. Die zweite Generation (C2) in den 1960er Jahren wurde »Sting Ray« genannt, auf Deutsch »Stachelrochen«, weil die spitz zulaufende Front und die geteilte Heckscheibe an einen Rochen erinnern. Die C3-Corvette (ab 1967) erkennt man am »Coke Bottle Design« mit stark geschwungener Karosserie.

Unsere C1 im Bild ist von 1959. Die Auspuffrohre enden höchst elegant rechts und links in der Stoßstange, und schöner integrierte Rückleuchten hatte man damals noch nirgends gesehen. Erst in diesen Jahren konnte GM auch wirklich genügend von den Fiberglasflundern verkaufen, damit Gewinn hereinkam. Vorher hatten die Kunden gezögert: Relativ schwache Fahrleistungen vertrugen sich in den ersten Jahren nicht gut mit dem ziemlich hohen Preis. Der war wiederum nötig, weil die Tücken der Kunststoffkarosserie recht viel Handarbeit erforderten. Allen Unkenrufen zum Trotz: Harley Earls Corvette-Idee mauserte sich über die letzten 70 Jahre zum erfolgreichsten Concept Car aller Zeiten.

— Gebaut seit 1953 bis heute, von der C1 ca. 69.000 Stück. Eine Corvette war im 18. Jahrhundert ein einmastiges Kriegsschiff. 1960 entsprach der Neupreis einer C1-Corvette in den USA: 2,7 VW Käfer Cabrio bei uns.

OP
JA58H

4__ Citroën DS

Göttlich!

Anfang Oktober 1955 erschien in Paris eine Göttin. Die »Déesse« von Citroën ließ schlagartig alle anderen Neuheiten auf dem Autosalon alt aussehen. Erschaffen wurde das Wunderwerk von denselben zwei Männern, die auch schon den Vorgänger (Traction Avant, siehe Nummer 78) gestaltet hatten. Aber mit diesem Design sind sie in völlig neue Sphären vorgestoßen. Dabei orientiert sich die Form auch an der Technik: Ein sehr langer Radstand ist notwendig, damit die neue hydropneumatische Federung perfekt zur Geltung kommt. Sie bügelt alle Straßen glatt, während in den anderen Autos noch Blattfedern poltern wie zu Kutschen-Zeiten. Die Hydraulik ist in der DS auch für den ganzen Rest zuständig: Sie drückt die Bremsen zu, hilft der Servolenkung und betätigt auch noch die Kupplung beim halbautomatischen Schalten. Dass nebenbei auch noch ungewöhnliche Materialien bei der Karosserie zum Einsatz kamen, haben die meisten gar nicht mehr mitbekommen. Das Dach ist nämlich aus Kunststoff, die Motorhaube aus Alu. Und damit auch wirklich alles anders ist, ist das Bremspedal kein Pedal, sondern eine Art Gummipilz, der aus dem Boden wächst.

20 Jahre lang stellte Citroën das Modell her, bis 1975. Da sah die DS immer noch futuristisch aus! In den Niederlanden hat sie den Spitznamen »Snoek«, übersetzt: Hecht. Beim Blick auf die Front sage ich: Das passt. Wer jetzt mal genauer hinschaut, dem fällt vielleicht das Nummernschild unserer Foto-Göttin auf. Es ist nicht rechteckig, sondern hat einen leichten Schwung. Bei den älteren Modellen (bis 1967, erkennbar an den runden Lichtern) gehört das Kennzeichen nämlich auf die geschwungene Stoßstange und nicht darunter. Aber weil eine DS nun mal keine rechten Winkel hat, passen da deutsche Normschilder nicht richtig hin. Ein Fall für Spezialhersteller – und vorprogrammierter Ärger mit der Zulassungsstelle. Auch mehr als 75 Jahre nach der Präsentation bekommt man nicht in jeder Stadt den Stempel, nicht mal, wenn es das Luxusmodell »Pallas« ist. Da sieht man mal, aus wie ferner Zukunft diese Göttin zu uns kam.

__ Gebaut von 1955 bis 1975, knapp 1,5 Millionen Stück. Bestellungen am 6. Oktober 1955: 12.000. Höchstgeschwindigkeit: 165 km/h, 0 auf 100 in 21 Sekunden. 1956 entsprach der Neupreis: 3,3 VW Käfer Standard.

K DS 1367H

5_ Ferrari 335 Sport Scaglietti

Verkauft!

32 Millionen Euro – für diesen Preis (inklusive Aufgeld) ersteigerte ein anonymer Käufer im Februar 2016 den Ferrari 335 Sport, Baujahr 1957, ohne Straßenzulassung. Ein Rekord, noch nie zuvor war ein Auto bei einer Auktion so teuer über die Rampe gegangen. Für das Geld hätte der Auktionsgewinner auch andere schöne Sachen kaufen können, zum Beispiel sämtliche übrigen 122 Fahrzeuge, die bei der Versteigerung in Paris angeboten wurden, zusammen! Darunter waren einige weitere Ferraris, der 190 SL eines ehemaligen Bridge-Weltmeisters, ein Renault Frégate, in dem Edith Piaf mal gesessen hat, und ein Ghia-Delahaye des Schahs von Persien.

Auktionen wie diese sind ein Erlebnis. Es beginnt schon eine Weile vor dem eigentlichen Tag, nämlich mit dem Katalog. Bei den Auktionshäusern kann man sich den einfach von der Homepage herunterladen. Darin sind nicht nur schöne Bilder der angebotenen Autos, sondern meist noch etwas Hintergrund: näheres zum Modell, zu Vorbesitzern oder Rennhistorie, darunter steht dann ein Schätzpreis. Der kann freilich am Schluss weit über- oder unterboten werden. Viele Eigentümer sichern sich mit einem Mindestpreis ab. Wird der nicht erreicht, geht das Auto zurück. Aber manchmal steht auch dran: »No Reserve«. Das bedeutet: Das höchste Gebot gewinnt – auch wenn damit der Wagen eigentlich völlig unterbezahlt ist. Man kann also theoretisch unglaubliche Schnäppchen machen.

Andererseits gibt es auch ein gewisses Risiko. Normalerweise würde man einen Gebrauchtwagen beim Vorbesitzer oder Händler in aller Ruhe checken, eine Runde Probe fahren und dann erst kaufen. Das kann man hier vergessen: Erst kurz vor der Versteigerung können Interessenten sich die Autos näher anschauen, alle gemeinsam in einer Halle. Gefahren wird nicht. Man geht also mit gespieltem Desinteresse um das Auto herum, zu viel Begeisterung ist nicht ratsam, das könnte nachher die Preise treiben. Dann setzt sich die ganze Meute in den Saal, wo die Stücke einzeln vorgestellt werden. Nervenkitzel pur! Und dann kauft einem ein anonymer Typ per Telefon das Traumauto vor der Nase weg. Für schlappe 32.000.000 Euro.

— Chassis 0674, gebaut 1957. V12-Motor mit 3,8 l Hubraum, Karosserie von Scaglietti. Erstes Rennen: Sebring (6. Platz), Zweiter bei der Mille Miglia. Letztes Rennen: auf den Bahamas, im Dezember 1958. (Quelle: Auktionskatalog Artcurial)

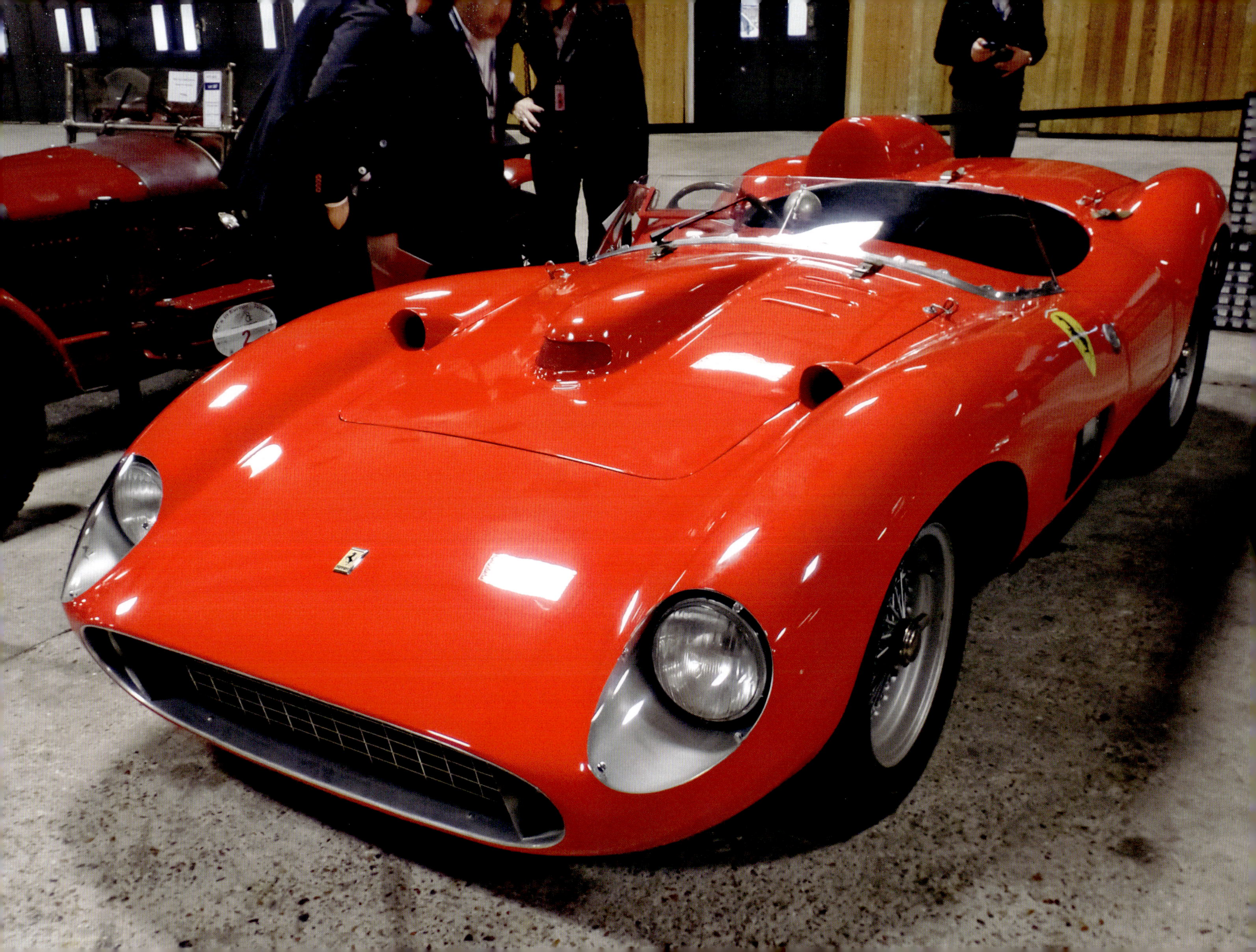

6__ Fiat 500

Nuova

So winzig das Auto, so gigantisch die Zahl seiner Fans. Zwei Zylinder, kaum drei Meter Außenlänge, vier Sitze, fünf Liter Verbrauch, mit diesen Eckdaten gelang es, ab 1957 über 3,7 Millionen Fiat 500 »Nuova« unters Volk zu bringen. Der offizielle Beiname Nuova sollte Verwechslungen mit dem Topolino verhindern, der ja auch ein 500 war (siehe Nummer 69). Es gab freilich wenig zu verwechseln. Die nur zwölf Zoll großen Räder, der schnatternde Heckmotor … kaum zu glauben, dass beide Autos denselben Chefkonstrukteur hatten: Dante Giacosa (der später auch den Fiat 124 entwarf, unter anderem als Lada/Shiguli weitergeführt bis 2014!).

Der Cinquecento (italienisch für »Fünfhundert«) leistete einen gewaltigen Beitrag zur Motorisierung Italiens. Es gab verschiedene Versionen, die praktischste war die Giardiniera, zu Deutsch: die Gärtnerin. Sie war nur ein paar Zentimeter länger und höher als der Normal-500, hatte aber eine große Heckklappe und verblüffend viel Platz im Laderaum. Eine andere Variante war der »Jolly« – ein Auto, das eigentlich gar niemand brauchte: Das Dach war nur ein flatterndes Sonnensegel, Türen fehlten ganz und man saß auf Korbgeflecht. Ein Spielzeug für Yachtkapitäne und Strandhausbesitzer. Gefahren wurden die Jollys daher gern von Filmstars und Superreichen. Heute sind sie folgerichtig die teuersten 500er, die übrigens auch gern gefälscht werden.

Die Zeitschrift »Auto, Motor und Sport« bescheinigte dem Cinquecento 1968 eine gefährliche Neigung, in hektisch gefahrenen Kurven umzukippen. Schuld seien die Hinterachse und der hohe Schwerpunkt. Süffisant schließt der Text: »Wenn auch die Karosserie, wie man hört, seitlich gut abrollen soll, scheint es uns doch notwendig, gegen diese unangenehme Eigenart werksseitig geeignete Maßnahmen zu unternehmen.« Fiat ließ sich von der Krittelei nicht beirren und baute den 500 bis August 1975 weiter. Das leichte Umkippen hatte übrigens auch Vorteile: Der Autor dieser Zeilen sah als Kind seinen Nachbarn zu, wie sie ihre verrosteten 500er schweißten – indem sie sie seitwärts auf eine alte Matratze legten.

__ Gebaut von 1957 bis 1975, mehr als 3,7 Millionen. Leistung: anfangs 13 PS, 0 auf 80 in 40 Sekunden, 295 cm kurz, 132 cm schmal, Wendekreis: 8,6 Meter. 1957 entsprach der Neupreis: 0,9 VW Käfer Standard.

GL T066H

— Gute alte Zeiten?
Voller Ascher im Fiat
500, zufällig entdeckt
bei einem Oldietreffen.

7_ Ford Thunderbird

Das Brautauto

Natürlich kann man auch im Polo beim Standesamt vorfahren. Aber für viele Paare ist der Hochzeitstag eben doch der Tag, an dem es ein Oldtimer sein muss, auch wenn man sonst vielleicht gar nichts mit alten Autos am Hut hat. Da gibt es dann verschiedene Varianten. Beliebt ist zum Beispiel der gemietete Rolls-Royce, aber für manche ist der dann doch zu sehr »Prinzessin«. In einem Cabrio würde man auf dem Weg durch die Stadt gut gesehen, aber danach ist die Frisur der Braut im Eimer, und die war teuer.

Rainer Heck aus Jülich hat einen 1963er Ford Thunderbird und findet, das ist das optimale Auto für die Fahrt in die Ehe: Lederpolster, viel Platz im Inneren und natürlich der Lack in Brautkleid-Weiß, alles perfekt. T-Bird-Weddings heißt seine Internetseite, dort kann man Rainer und den Ford buchen. Er ist nicht nur Oldtimerliebhaber, sondern beschäftigt sich als Coach auch mit Entspannung und Achtsamkeit. »Wenn das Brautpaar bei mir im Auto sitzt«, erzählt er, »dann ist das oft der einzige Moment des ganzen langen Hochzeitstags, an dem die beiden quasi allein sind.« Keine Gratulanten, niemand, der auf die beiden einquatscht oder am Kleid rumzupft – und der Chauffeur konzentriert sich auf die Straße. Ein stiller Moment. Manche möchten gar nicht mehr anhalten.

Noch ein paar Worte zur Geschichte des Donnervogels, die in den 1950er Jahren begann und bis 2005 reicht. Zunächst der Name: Er war das Resultat eines Wettbewerbs. Ford wollte das Modell für das 1955er-Programm präsentieren, und weil niemandem ein guter Name einfiel, lobte man ein Preisgeld aus: 250 Dollar kassierte schließlich einer der Ford-Designer für den Vorschlag »Thunderbird«. Ford erfand damit eine eigene Fahrzeugklasse, den »Personal Luxury Car«. Der durfte ein bisschen sportlich sein, aber nicht so wie eine Corvette. Das Ergebnis: ein Auto, das zu lang für die Garage war, in die Rainer es nach dem Kauf eigentlich stellen wollte – aber eben genau richtig für ein Brautpaar auf dem Rücksitz. Sie hätten es auch »Personal Wedding Car« nennen können.

— Gebaut von 1955 bis 2005. In dieser Form, genannt »Bullet Bird«, von 1961 bis 1963 gut 200.000 Exemplare. Länge: 5,22 Meter, Abkürzung: T-Bird. 1963 entsprach der Neupreis: 3,58 VW Käfer Export.

Thunderbird
JÜL
TB 63H

8__ Jaguar E-Type

Eine Motorhaube und zwei Sitze

In Genf, auf dem Autosalon 1961, schmückte der erste E-Type den Stand von Jaguar, eine Coupé-Version mit Dach. Niemand kannte das Auto, es hatte vorher keine Fotos in der Presse gegeben, und alle, die es sahen, wollten nur noch eins: reinsetzen und ein Stück fahren! Die Messebesatzung rief hektisch im Werk in Coventry an: »Wir brauchen noch ein Auto. Das Cabrio. Sofort!« Coventry liegt mitten in England, über 1.200 Kilometer (plus einen Ärmelkanal) von Genf entfernt. Der Testfahrer Norman Dewis drehte mit dem Prototyp gerade ein paar Runden. Wenig später war Dewis auf dem Weg zur Fähre, im Morgengrauen kam er in Ostende an, und bis Genf hielt er nur noch zum Tanken. Nach elf Stunden reiner Fahrtzeit war er da, doch anstatt sich ausruhen zu dürfen, kutschierte er in dem Cabrio den restlichen Tag Journalisten durch Genf, bevor er abends völlig übermüdet ins Hotelbett fiel.

Mit diesem Gewaltritt begann die Karriere des E-Type, eines der faszinierendsten Autos der Geschichte. Der Autojournalist Fritz B. Busch schrieb damals: Gina Lollobrigida »könnte zwei Fuß neben ihm im Bikini auf dem Zaun sitzen, ich würde sie nicht bemerken.« In seiner Kolumne »Für Männer, die Pfeife rauchen« beschreibt er seine Testfahrt zwar augenzwinkernd (der bereits recht abgenudelte Wagen roch nach Öl, er verbrauchte »im Stand einen halben Liter Castrol pro Nacht.«), aber offensichtlich verknallt: »Dieses Auto ist mit einer Flasche Whisky zu vergleichen, mit der man einen Mann allein lässt. Er muss entweder die Größe haben sich zu beherrschen, oder aber die Routine und die Reife, sie wirklich verkraften zu können.«

Es dauerte noch ein paar Jahre, bis er selbst sich einen gebrauchten E-Type kaufen konnte, an dem er einiges flicken musste. Den kann man inzwischen in seinem Museum in Uhldingen am Bodensee sehen. Die ikonischen Sportwagen mit der unendlich langen Motorhaube trifft man häufig auf Oldtimer-Events. Und immer noch verknallen sich die Leute in den Jaguar. Von Heldenreise, Whisky und pfeifenrauchender Männlichkeit mal abgesehen: Das ist schon ein Auto, der E-Type!

Gebaut von 1961 bis 1974, etwa 70.000 Stück. Motor: 3,8-l-Sechszylinder, später 4,2 l, ab 1971: 5,3-l-V12, Spitze: 240 km/h, Länge: 4,45 m, davon Haube: 1,85 m. 1961 entsprach der Neupreis: 7 VW Käfer Standard.

9__ Land Rover Serie I

The go anywhere vehicle

Über die Hälfte der Weltbevölkerung hat als erstes Auto im Leben einen Land Rover gesehen, heißt es. In Solihull bei Birmingham wurden zwei Millionen dieser Arbeitstiere gebaut, viele davon haben ein Autoleben voller Abenteuer hinter sich, in australischen Wüsten oder afrikanischen Urwäldern, unter isländischen Vulkanen oder auf argentinischen Pampaspisten. Fast 70 Jahre lang rollte der »Landy« vom Band, krabbelte völlig unverwüstlich überallhin und brachte Engländer und andere Entdecker in die entlegensten Ecken der Erde. Schon im ersten Produktionsjahr exportierte man in 70 Länder. Statt einer Ackerschaukel für britische Landwirte (wie eigentlich gedacht) hatte Rover ein Expeditions- und Alleskönnerfahrzeug für die ganze Welt erschaffen.

Die Firma Rover hatte vor dem Krieg besonders edle und teure Autos gebaut, die sich jetzt, 1947, nicht mehr gut verkauften. Der technische Direktor der Firma, Maurice Wilks, hatte als Privatauto auf seinem Landgut einen Jeep. Von dem Gedanken »So was könnten wir doch auch bauen – in besser!« bis zum ersten Prototyp dauerte es nicht lang. Ein Jahr nach der Idee, im April 1948, wurde der Land Rover der Öffentlichkeit vorgestellt.

So kurz nach dem Krieg war Stahl nicht leicht zu besorgen, darum verwendete man Alublech für die Karosse. Aluminium rostet nicht – ein Grund dafür, dass auch völlig verwahrloste Landys immer noch irgendwie gut aussehen. Wegrostende, löchrige Stahltüren und -Kotflügel machen nun mal weniger Eindruck als matt schimmernde, von der Zeit entlackte Alu-Oberflächen. »Patina« wird das genannt, was bei anderen Autos wohl »Gammel« wäre, und Parkrempler macht der echte Landyfahrer mit dem Hammer wieder schön.

Schaut man sich Gebrauchtwagen-Inserate alter Land Rover an, stößt man dauernd auf Beschreibungen wie »Luftlandefahrzeug niederl. Armee«, »kommt aus Algerien« oder »gehörte einem englischen Fischer«. Dieser Mythos überträgt sich bis heute auf die Fahrer, auch wenn sie selbst vielleicht höchstens mal die Tochter zum Reitstall bringen. Er ist eben auch in der Großstadt das »Go anywhere«-Auto.

__ Serie I von 1948 bis 1958, gebaut 172.000-mal.
Bis 2016 gab es Nachfolger, insgesamt gut 2 Millionen.
Prominente Fahrer (Auswahl): Queen, Dalai Lama.
Ein Serie I Land Rover kostete in England so viel wie bei uns 2,2 VW Käfer.

LAND ROVER
LH-24-33

10 Mercedes 300 SL

Der Flügeltürer

Ein Gitterrahmen aus Metallrohren macht den 300 SL von Mercedes leicht und gleichzeitig stabil. Sehr praktisch zum Schnellfahren, leider kann man aber durch so einen Rahmen nicht durchsteigen, sondern nur drüber. Die Lösung: Türen bis in die Dachmitte, sodass man von schräg oben in den Sitz gleiten kann (jedenfalls, wenn man gelenkig genug ist). Mit Rennfahrern am Steuer hatte die Idee funktioniert – 1954 stellte Mercedes-Benz den Flügeltür-SL auch für Normalkäufer vor. Vorsichtshalber bekam das Lenkrad einen kleinen Hebel zum Ausklinken, sodass Kunden mit Wohlstandsbauch es wegklappen und sich daran vorbeischieben konnten.

Der US-Importeur Max Hoffman war ein wichtiger Geburtshelfer dieser Premiere, in erster Linie hoffte man auf amerikanische Käufer. Dort gab es schlicht mehr Geld. Die Präsentation fand deswegen in New York statt, und auch der Spitzname »Gullwing« (Möwenschwinge) kommt aus den USA. Bei uns wurde der 300 SL zum für viele Ausländer unaussprechlichen »Flügeltürer«. Ein Nachteil dieser Konstruktion ist, dass man die Fenster nicht runterkurbeln kann. Deswegen kommt man beim Fahren schnell ins Schwitzen, zumal der Motor kräftig wärmt. Schon nach drei Jahren half Mercedes diesem Problem ab und präsentierte den Nachfolger: ein Cabrio.

Immerhin 1.400 Flügeltürer wurden hergestellt. Sie erlangten früh Ikonenstatus, weil sie nicht nur rasant aussahen, sondern auch so fuhren. SL steht für »Sportlich« und »Leicht«. Weniger als 1.300 Kilo Gewicht, kaum Luftwiderstand und der starke Motor ermöglichten ein Höllentempo. Die Trommelbremsen und die hibbelige Hinterachse sorgten bei allzu forschen Fahrern andererseits für Schreckmomente, wenn die nächste Kurve auftauchte.

Standardfarbe für die Gullwings war Silber. Wer etwas anderes wollte, zahlte Aufpreis. Die Sitze kamen in einem hübschen, sportlichen Karostoff. Radio und Außenspiegel (!) konnte man zusätzlich ordern, Klima nicht. Wenn es einem beim langsamen Fahren zu warm wird, kann man ja die Tür hochmachen. Die Passanten freut‘s, denn dann macht der Flügeltürer seinem Spitznamen auch wirklich Ehre.

Gebaut von 1954 bis 1957, wohl etwa 1.400 Exemplare. 215 PS aus 3 Litern Hubraum, Höchstgeschwindigkeit: 230 km/h, 0 auf 160 in 17 Sekunden. »Je nach Fahrweise« verbrauchte er im Zeitungstest 12 bis 19 Liter. 1955 entsprach der Neupreis: 7,6 VW Käfer Standard.

11__NSU Ro 80

Immer im Kreis

NSU hatte ein tolles Motorkonzept, nämlich den Wankel (siehe auch Nummer 86), nun brauchten die Neckarsulmer noch eine passende Hülle dafür. Bekannt waren sie für gute Mopeds und kleine Autos, jetzt sollte eine Limousine her. Eine, nach der sich die Leute auf der Straße umdrehen würden und die die Journalisten feiern sollten. Die NSU-Chefs wollten einen Knaller! Den bekamen sie auch, und zwar von der eigenen Entwurfsabteilung: Claus Luthe hieß der Mann, der den Ro 80 zeichnete. Er brauchte beim Entwerfen keine Rücksicht zu nehmen auf Designelemente von Vorgängermodellen – es gab ja keine. So schneiderte er mit seinem Team ein aerodynamisches Blechkleid zurecht, das seiner Zeit 20 Jahre voraus war. Die flache Motorhaube und die zum Heck hin ansteigende Linie sorgten für geringen Luftwiderstand. Gleichzeitig wurde dadurch auch die Straßenlage besser, weil der Fahrtwind das Auto nach unten drückt. Scheinwerfer und Frontscheibe passen sich an die Form an, nichts steht unnötig vor. Eine Revolution, und das schon 1967!

Die Karosserie, »die sich der Wind geformt hat« (NSU-Anzeigenprosa), war freilich nur die eine Hälfte des Ro-Erlebnisses. Die andere rotierte unter der Haube: Im Wankelmotor stampfen die Kolben nicht auf und ab, sondern drehen sich im Kreis. Dadurch läuft er ruhiger und hat viel Kraft, allerdings auch ein bisschen mehr Durst. Das Hauptproblem beim Ro 80 war, dass die Motoren in den ersten Jahren nicht lange hielten. NSU bekam das halbwegs in den Griff, aber das Image war früh ruiniert. Es hieß: Wankelfahrer grüßen sich – die Anzahl der erhobenen Finger steht dabei für die Zahl der verbrauchten Motoren. Diesen Makel wurde der Wagen nie los, und auch wenn heute ein über 50-jähriger Ro 80 beim Oldtimertreffen vorfährt, wird der Fahrer todsicher gefragt: »Der wievielte Motor ist es denn?«

Nach zehn Jahren Produktionszeit endete das Wankel-Abenteuer von NSU ohne Nachfolger. Aber die Fans blieben dem Ro 80 treu. Ziemlich viele der Revolutionäre mit Rotationsmotor fahren heute noch. Und immer noch drehen sich die Leute nach ihnen um.

__ Gebaut von 1967 bis 1977, genau 37.406 Exemplare. Zweischeiben-Viertakt-Wankel-Kreiskolbenmotor, 115 PS, Höchstgeschwindigkeit: 180 km/h, Verbrauch 10 bis 13 l Normalbenzin. 1967 entsprach der Neupreis: 3,1 VW Käfer 1200.

RO 80
AG 70150

12__Porsche 911

Der Elferkult

Mit einem fängt es immer an. Bei Manfred Hering war der eine Porsche ein 1966er Coupé, das er restaurieren ließ, als Eyecatcher für seine Werbeagentur. Aber er war mit dem Ergebnis der Restauration unzufrieden und dachte: Das müsste doch besser gehen! 16 Jahre später steht nicht mehr der eine Porsche in der Garage, sondern über 500 Stück in einem Hallenkomplex am Rand von Wuppertal. Ein Rundgang macht schwindlig: Überall stehen Porsches, in Kisten und Regalen stapeln sich Ersatzteile, zusammengekauft zum Beispiel aus Werkstattauflösungen, viele alte Neuteile, Embleme, Elektrik, Auspuffrohre ... Auf Paletten stehen Motoren, und in einer Halle warten in einem Hochregal Dutzende ausgebeinter Rohkarossen darauf, wiederbelebt zu werden. Die Philosophie von »Early 911s« ist, alte Porsches technisch so herzurichten, dass sie unterm Blech wie neu sind. Und zu verkaufen. Hering hat zwar auch eine Privatsammlung, aber in erster Linie bedient er heute 911-Fans, die den perfekten Porsche möchten.

Jetzt drehen wir das Rad 60 Jahre zurück, als das Modell wirklich ganz neu war. 1963 zeigte Porsche auf der IAA den »Typ 901«. Er sollte den 356er ablösen, mit mehr Power aus sechs Zylindern, mehr Platz und einer modernen Form. Nicht alle waren gleich begeistert, das alte Modell hatte damals schon Kultstatus (siehe Nummer 62). Kurz danach flatterte dann auch noch rechtlicher Ärger ins Haus: Die Firma Peugeot meldete sich, um mitzuteilen, dass Hunderterzahlen mit einer Null in der Mitte bitteschön keine Porsches sein könnten. Das hatten die Franzosen sich für ihre eigenen Modelle schützen lassen. Zähneknirschend änderte man in Zuffenhausen daraufhin die Nummer und schrieb »911« auf die Hauben.

Ein Start mit Hindernissen, der aber nicht verhinderte, dass die Elfer schnell mindestens so legendär wurden wie ihre Vorgänger. Porschefahrer grüßten sich, wie der Spiegel 1967 berichtete, »selbst bei Höchsttempo« per Lichthupe. Und weil alte 911er auch heute noch so beliebt sind, sind die Preise mitgestiegen. Da rechnet sich dann oft auch eine Zustand-Eins-Restaurierung.

___ Gebaut von 1963 bis heute, vom Ur- und F-Modell (bis 1972) etwa 80.000 Exemplare. Sechszylinder-Viertakt-Boxer, Höchstgeschwindigkeit: 210 km/h, 0 auf 100 in 8 Sekunden. 1965 entsprach der Neupreis: 4,4 VW Käfer 1300.

EARLY 911S

___ Das wird schon wieder!

13__ Rolls-Royce Silver Cloud

Auf Wolken

Ich sitze links. Das ist der Beifahrersitz, aber das merken die Zuschauer nicht. Ich schreibe »Zuschauer«, weil es einem im Rolls-Royce tatsächlich nicht so vorkommt, als seien die Leute auf den Gehwegen einfach Passanten. Alle gucken. Mit dem ersten Blick auf die imposante Karosse, aber dann auch schnell nach dem Fahrer. So ein Auto muss doch von einem Promi gefahren werden? Nein, muss es nicht – und ich bin ja auch gar nicht der Fahrer, der sitzt rechts. Mein Chauffeur bei der Proberunde gondelt uns ganz entspannt durch die Menge der Schaulustigen. Kein roter Teppich weit und breit, dafür erspähe ich plötzlich eine schöne Parklücke zum Fotografieren. Nicht zu klein, denn ein Silver Cloud ist fast fünfeinhalb Meter lang. Als wir stehen, merke ich sofort: Das mit dem Foto kann ich hier vergessen. Es sind immer Leute im Bild, der Rolls ist ein Magnet.

Was macht ihn so faszinierend? Eigentlich ist es ja auch nur ein altes Auto. Vielleicht der Motor? 6,2 Liter, V8, Leistung »ausreichend«, wie neugierigen Kunden damals noch beschieden wurde. Nein, wahrscheinlich ist es genau andersrum: Für die meisten ist ein Rolls gar nichts Technisches. Für die anscheinend anstrengungslose Beschleunigung, ohne dass man viel vom Motor merkt, gibt es bei Rolls-Royce übrigens ein eigens erfundenes Wort: »Waftability«. Inzwischen sogar markenrechtlich geschützt.

So richtig selten sind die Silver Clouds gar nicht. Aber sie kommen wenig raus. Die Innenstädte sind zu eng, die Autobahnen zu langweilig, und auch für kurvige Sonntags-Landstraßen sind wendige, leichte Wagen meist besser geeignet. Daher rühren wohl auch die günstigen Anschaffungspreise: Manch schlichte Mercedes-Pagode kostet heute doppelt so viel wie ein Silver Cloud! Wenn man den Rolls aus der Garage holt, wobbelt es beim Fahren erst mal eine Weile. Die riesigen Ballonreifen stehen sich unter den 2,2 Tonnen nämlich gern ein bisschen platt. Ist das überstanden, kommt die große Ruhe. »Das Lauteste ist das Ticken der Uhr«, hieß es mal. Stimmt nicht, die Uhr hört man gar nicht. Das Lauteste sind die Zuschauer auf dem Gehweg: »Coole Karre!«

__ Gebaut von 1955 bis 1966 mit knapp 8.000 Exemplaren, Wochenproduktion: 35 Stück. Höchstgeschwindigkeit: 190 km/h, 5,41 m lang, 1,90 m breit, 1,62 m hoch. Fotofahrzeug: Silver Cloud II. 1964 entsprach der Neupreis: 17,25 VW Käfer 1200.

14_ Trabant 600

Die Pappe

Im Jahr 1989 wurde der Trabant zum Symbol für Freiheit und die friedliche Revolution in Deutschland. Später musste er als Objekt für Spott und Witze herhalten, wurde dann möglichst schnell durch einen billigen Gebrauchtwagen (West) ersetzt, und heutige Kinder kennen ihn schon nur noch aus Museum und Geschichtsunterricht.

Ursprünglich war er aber einfach ein Auto. Eines, auf das die Käufer sich (lange) freuten, und das den Aktionsradius extrem erweiterte. Denn wenn auch die Reisefreiheit in der DDR extrem eingeschränkt war, hieß das ja nicht, dass man überhaupt nirgendshin konnte. Urlaubsreisen und Berufspendelei gab es selbstverständlich auch im real existierenden Sozialismus. Die ostdeutsche Autoproduktion lag aber nach dem Krieg zunächst in Trümmern. Was nicht zerstört war, ging als Reparationsleistung in die Sowjetunion. Mitte der 50er Jahre stand trotzdem der erste Trabant auf den Rädern, in Auftrag gegeben vom Ministerrat der DDR, in Serie gebaut vom VEB Automobilwerk Zwickau. Hier, wo schon Anfang des Jahrhunderts die Firma Horch Autos produziert hatte, rollten ab 1957 die Trabis vom Band. Sie waren damals ganz moderne Fahrzeuge, Zweitakter waren auch im Westen Kleinwagen-Standard. Eine Besonderheit war die Plaste-Karosserie. Stahlblech war in der DDR Mangelware, daher wurde der Trabant mit einer Haut aus »Duroplast« überzogen. Dieser Kunststoff besteht aus Baumwolle und Phenolharz, mit Pappe hat er eigentlich nichts zu tun – trotzdem bürgerte sich der Spitzname »Rennpappe« für die Trabis ein. Rosten können die Autos trotzdem, denn unter der Plastehülle ist ein Stahlgerippe.

Weil der Trabant so geschichtsträchtig ist, ist er ein begehrter Oldtimer. Nicht unbedingt als Eigentum, aber um mal einzusteigen und eine Runde zu drehen. In Chemnitz kann man das machen, dort gibt es eine spezielle Trabant-Vermietung. Zu ihrem Fuhrpark gehört unser Foto-600er (oft auch als P 60 bezeichnet). Der ist von 1962, aber es gibt dort auch neuere Modelle, das jüngste von 1989 – dem Jahr, als aus der Pappe eine Ikone wurde.

— Gebaut von 1957 bis 1991, etwa 3 Millionen Stück, davon 100.000 P 60 (1962 bis 1965). Leistung: 23 PS. Neupreis 1962: 7850 Ostmark, gebraucht zeitweise mehr, weil man dann nicht warten musste. Der Westpreis entsprach (1965): 0,8 VW Käfer 1200.

C OP 17

15_VW Käfer Cabrio

Beginn einer Leidenschaft

Dies ist ein offener Volkswagen von 1957, an den Stoßstangen schnell als Export-Fahrzeug für die USA zu erkennen. Die Karosserie ist von Karmann, die kleinen Blinker außen an den Kotflügeln waren in Amerika Pflicht, während bei uns beim Abbiegen noch mit Winkern gewackelt wurde. Natürlich hat das Auto seine ganz eigene Geschichte, die mir der Besitzer, Traugott Grundmann, erzählt, während wir zusammen den Berg zur Schaumburg, oberhalb von Hessisch Oldendorf, hochbrettern. Notizen zu machen war in den sportlich genommenen Serpentinenkurven etwas schwierig, ich hoffe, ich krieg's richtig zusammen:

1977 war Grundmann als Ausbilder von Düsenjägerpiloten in den USA stationiert (merkt man als Beifahrer sofort). Dort kaufte er den 20 Jahre alten Käfer, um damit die Staaten zu erkunden. Damals war das Auto rot. Später brachte er es mit nach Hause, eben an den Fuß dieses Berges, wo er aufgewachsen war. Das mittlerweile originalgetreu renovierte Cabrio war sein erster Käfer, der Start einer Sammlung, die heute sogar das Volkswagenmuseum in Wolfsburg neidisch macht. Grundmann restauriert selbst, obwohl er das nicht gelernt hat (der Familienbetrieb ist eine Dachdeckerei). Und er hat ein unglaubliches Gespür dafür, Raritäten aufzustöbern. Sein Sohn Christian ist »genauso verrückt, Gott sei Dank« (Zitat des Vaters), zur gemeinsamen Kollektion gehören zum Beispiel der sechste je gebaute Brezelkäfer, der älteste VW-Fensterbus, die allerersten Camper von Westfalia, Kübel, Amphibien und Krabbeltiere in jeglicher Form, ob Polizeikäfer, ADAC-Auto oder das viertürige Käfertaxi von Rometsch. Lauter Originalfahrzeuge, die hier in detailverliebter Genauigkeit wieder schön gemacht werden.

Alle vier Jahre wird Hessisch Oldendorf zum Mekka der Käferszene, wenn das internationale Treffen stattfindet. Das größte der Welt! Da sind auch schon mal VW-Fahrer aus Malaysia auf eigener Achse angereist. Grundmanns – inzwischen – drei Hallen voller Schätze bilden dann den Mittelpunkt der Käferwelt. Aber begonnen hat alles mit diesem offenen 1957er.

Gebaut von 1938 bis 2003,
über 21 Millionen Stück.
Brezelkäfer bis 1953,
Ovali bis 1957.
1956 entsprach der
Neupreis des Cabrios:
1,6 VW Käfer Standard.

RESTAURANT BURG SC
HM 0719

16__Willys Jeep

Wir brauchen ein Auto – schnell!

Ein Auto, das den Straßenverkehr in Europa vor allem als Gebrauchtwagen bereicherte: der Jeep. Seine Geschichte beginnt 1940, als die USA beschlossen, in den von den Deutschen begonnenen Krieg einzutreten. Problem: Es fehlte ein geeignetes Fahrzeug, schnell und wendig, nicht kaputtzukriegen, dabei trotzdem leicht – und es sollte mehr transportieren können als die Motorräder, die sonst auf europäischen Schlachtfeldern für flinke Touren eingesetzt wurden. Die US Army schrieb an 135 heimische Firmen, ob sie Lust hätten, einen Prototyp für Tests zu entwickeln. Drei davon machten mit.

Der erste Wagen, der geliefert wurde, kam von American Bantam. Immerhin pünktlich, obwohl die Frist nur sieben Wochen betragen hatte. Aber Bantam war eine kleine Firma mit wenig Geld – wie sollten die es schaffen, in kürzester Zeit eine ganze Armee auszurüsten? Etwas später trafen die Entwürfe von Willys Overland und Ford ein. Das Willys-Modell hieß ursprünglich »Quad«, wurde dann aber schnöde in MB (für Militärmodell B) umbenannt. Diese beiden, Willys und Ford, werden während des Zweiten Weltkriegs über 600.000 Jeeps bauen. Die Technik ist eine Mischung aus Ideen aller drei Firmen.

Der Name des Ford-Entwurfs war übrigens »GP« – und damit kommen wir zu der Frage, wo denn der Name Jeep eigentlich herkommt. Eine offizielle Erklärung gibt es nicht. Jeep könnte eine spaßige Abkürzung sein: »Just enough essential parts« – ähnlich wie Fiat ja auch »Fix it again, Tony« bedeuten soll. Unwahrscheinlich. Hat es sich aus GP entwickelt, dem Ford-Modellnamen? Oder kommt es aus dem US-Soldaten-Jargon, der Neulinge als Jeeps bezeichnete? Eine Theorie besagt sogar, der Name komme von einer Figur namens Jeep, die in einem Popeye-Comic vorkam. Fest steht, dass die »Jeeps« schon ganz früh so genannt wurden. Das war 1943 so, als unser Fotomodell gebaut wurde, und erst recht nach dem Krieg, als die zurückgelassenen Militärfahrzeuge ihr zweites Leben begannen, als Vorbild aller Geländewagen und motorisierter Alleskönner in der ganzen Welt.

__ Gebaut von 1941 bis 1945, etwa 650.000 Militärjeeps. Coolste Weiterverwendung: »Jeepneys« (Philippinen). 1943 konnte man keine VW Käfer kaufen, daher keine Umrechnung.

Wollie
U.S.A.
20334825
GROSS WT 3125 LBS.

Hier als Break, ein paar Seiten weiter hinten auch als Berline zu sehen: La Missis

DAS STRASSENBILD DER 50ER UND 60ER JAHRE

K AM 1669H

17__Alfa Romeo Giulia

Amore Milano

Man kommt in ein neues Land, man möchte die Sprache lernen, man kauft ein Buch. Aber was für eins? Für den Fahrer unserer Giulia rechts im Bild war das überhaupt keine Frage: Als er von Italien nach Deutschland zog, ging er in eine Buchhandlung, sah, was er brauchte, zahlte und ging. Daheim präsentierte er stolz seinen Fund: ein Buch über die Giulia von Alfa Romeo. Viele Bilder, wenig Text.

»Alfisti« nennen sich die Fans der Marke, und sie bekamen 1962 in Monza ein ziemlich spektakuläres Auto präsentiert. Die Familien-Limousine, die auf den ersten Blick eher zivil wirkte, war nämlich ein Sportler im Maßanzug. Das erste vorgestellte Modell (1600 TI) hatte über 90 PS, damals enorm. Und auch wenn es eigentlich gar nicht so aussieht: Die Form wurde im Windkanal optimiert – CW-Wert: 0,34! In Italien verkaufte man die Autos mit dem Slogan: »La berlina che vince le corse« – das Familienauto, das Rennen gewinnt. Es war durchaus ein Modell, das man sich auf einer Rennstrecke vorstellen konnte. Nicht nur italienische Familienväter schätzten die Giulia, sondern auch die italienische Polizei. Viele Jahre lang prägten Giulie mit »Polizia« oder »Carabinieri«-Aufschrift das Straßenbild zwischen Como und Palermo. Der bekannteste deutsche Julchen-Pilot hatte es ebenfalls oft eilig: Erinnern Sie sich noch an Privatdetektiv Josef Matula in »Ein Fall für Zwei«?

Bis 1978, also volle 16 Jahre lang, wurde die Karosserieform produziert, ganz am Schluss gab es sogar einen Diesel. Die Giulia heißt übrigens tatsächlich wegen Shakespeare so. Es passte so schön zum Romeo. Und wo kommt der Romeo her? Von Nicola Romeo, einem Unternehmer, der die Firma »Anonima Lombarda Fabbrica Automobili« (kurz A.L.F.A) im Ersten Weltkrieg übernahm, zusammen mit dem Logo. Über dieses Markenzeichen haben sich schon viele gewundert. Eine menschenfressende Schlange ist da zu sehen. Sie steht für das Mailänder Adelsgeschlecht Visconti, das rote Kreuz daneben ist das Stadtwappen von Mailand. Dort war nämlich der Alfa-Stammsitz. Außerdem spielt »Romeo und Julia« in … ach nee, schade, das war Verona!

Gebaut von 1962 bis 1978, etwa 570.000 Limousinen. Vierzylinder-Viertakt-Motor. Schmierdienst, Ölwechsel, Inspektion alle 4.000 km. 1963 entsprach der Neupreis: 2,6 VW Käfer Standard.

Super
D
BM 07277

18 __ BMW 700 Coupé

Kleines Auto, große Wirkung

»Beste Sichtverhältnisse durch große Glasflächen! Vom Fahrersitz sind alle vier Kotflügel sichtbar!« Die BMW-Broschüre für die »Herren der Fach- und Tagespresse« zum 700 Coupé stellt im Juni 1959 lauter Dinge in den Vordergrund, die man sich auch bei modernen Autos mal wieder wünschen würde. Auch sonst hatte man an alles gedacht: Die Frontscheibe, schreibt die Pressestelle, sei hoch genug, dass man Verkehrsampeln »ohne Vorneigen des Kopfes« im Auge behalten könne, und die Türen so breit, dass das Einsteigen auch »bei großen Schuhnummern ohne artistische Kunststücke« möglich sei.

Der 700 war ein Kleinwagen, und es war für BMW extrem wichtig, dass er ein Erfolg wurde. Die Firma war Ende der 50er Jahre ein Übernahmekandidat, Konkurrent Daimler streckte schon die Finger aus. BMWs große Modelle waren zu teuer und unmodern (siehe Nummer 66), die Isetta zu schräg und die Ära des Motorrads als Alltagsfahrzeug neigte sich dem Ende zu. Einer der Retter der Marke hieß Wolfgang Denzel, BMW-Verkäufer aus Wien. Er war nicht nur irgendein Autohändler, sondern hatte vielerlei Kontakte, unter anderem nach Italien, zu Autodesigner Giovanni Michelotti. Außerdem war er ein begnadeter Schrauber, der schon Renner aus alten Kübelwagen zusammengeschweißt hatte. Denzel nahm das Fahrgestell eines BMW 600 (»große Isetta«, Heckmotor, zu sehen auf Seite 209) und ließ den berühmten italienischen Designer eine frische Hülle dazu entwerfen. Trapezform, großer Kofferraum vorn, todschick. Das Ergebnis präsentierte er dem BMW-Vorstand. Die Münchner sagten Ja, bei der Präsentation auf der IAA wurden sofort 25.000 Autos vorbestellt, und es war schnell klar: Die Übernahme ist vom Tisch. Mit den Einnahmen konnten die Bayern gleich das nächste, etwas größere Modell entwickeln. Einmal umblättern, da steht sie, die »Neue Klasse«! Eine stabile Zukunft war in Aussicht.

Den 700 gab es als Coupé, als Viertürer und auch als Cabriolet. Es stellte sich heraus, dass er zusätzlich perfekt geeignet war für Bergrennen. Sportlich also auch noch! Wie stand es noch in der Presse-Info? »Sie stimmen sicher mit uns überein – ein gelungener Wurf.«

__ Gebaut von 1959 bis 1965, gut 180.000 Exemplare als Coupé und Viertürer. Zweizylinder-Viertakt-Boxer, Testverbrauch: 7,4 Liter, Höchstgeschwindigkeit: 125 km/h. 1960 entsprach der Neupreis: etwa 1,4 VW Käfer Standard.

SU AL 4H

Weltweit beliebt:
die Neue Klasse BMW 1800

1800
和泉539
な・118

19 Borgward Isabella Coupé

Testers Traum

Hier zeichnete der Chef noch selbst! Carl F. Borgward ließ es sich nicht nehmen, die Autos, die seinen Namen trugen, auch selbst zu entwerfen. Auch sonst traf er Entscheidungen, die in größeren Firmen Vorstandssitzungen und Abteilungsleiterpalaver erfordern, gern kurz und schmerzlos. Ein Beispiel: Das neue Auto, das im Sommer 1954 vorgestellt werden sollte, hatte eigentlich schon eine Bezeichnung: Borgward Hansa 1500. »Hansa« hatten schon einige andere Autos aus der Bremer Autoschmiede geheißen. Nun kam die Testabteilung mit der Frage, was man auf die Erlkönige schreiben sollte, die inkognito zur Straßenerprobung rausmussten. »Mir egal, schreibt meinetwegen Isabella drauf«, versetzte Borgward. So geschah's, und dabei blieb es dann auch.

Die Isabella wurde ein Hit: Mehr als 200.000 Autos verließen die Hallen in Bremen. Fast 10.000 davon waren Coupés wie unser Fotomodell. Diese schicken Fahrzeuge mit etwas weniger Platz zum etwas höheren Preis waren ein Sehnsuchtsobjekt der 1950er in Deutschland. Holzbeschläge an den Fenstern und beleuchtete Schalter standen für Luxus, die Kunstledersitze eher für Haltbarkeit. Weil man darauf leider so leicht ins Schwitzen kommt, hat das Coupé auf unserem Bild inzwischen fest eingenähte Lammfellbezüge. Bequemlichkeit schlägt halt manchmal Eleganz. Eine Sonderausstattung, die es optional für die Isa auch noch gegeben hätte: aufsteckbare Zusatz-Heckflossen, die den Borgward noch etwas amerikanischer aussehen ließen (hier nicht montiert).

Die ADAC Motorwelt testete 1959 ein Coupé und war begeistert, auch von Details: »Das Lenkrad ist ein zünftiges Drahtspeichenlenkrad mit griffigem Profil, das fest in den Händen liegt, richtig steil steht, elfenbeinfarben ist, aber nicht spiegelt.« Fast den einzigen Abzug in diesem Test gab es für das Fehlen von Ausstellfenstern. Der Journalist musste dauernd kurbeln, denn »jede Geschwindigkeit hat ihre andere Zugluft am Fensterschlitz«. Mit der Notiz »Ganz leise Scheibenwischer« wird endgültig klar: Damals wurde noch gründlich getestet, und das Isabella Coupé ist einfach ein gutes Auto.

Von 200.000 Isabellas waren knapp 10.000 Coupés, gebaut zwischen 1957 und 1961. 1.500-ccm-Viertakt-Motor, 75 PS, 0 auf 100 in 18 Sekunden. 1958 entsprach der Neupreis: 2,8 VW Käfer Standard.

56
GL 07055

20__ Citroën Ami 6

Die Berline für Sitzriesen!

Der Mittelklassewagen von Citroën ist der Ami (auf Deutsch: Freund). Das Modell passte sich genau in die Lücke zwischen DS und Ente ein, was gar nicht so leicht war. Im Lastenheft stand: Länge höchstens vier Meter, innen geräumig! Ein Problem vieler »Berlines« anderer Marken: Das Dach fällt hinten schon etwas ab, deswegen hat man auf der Rücksitzbank oft zu wenig Kopffreiheit.

(Kleiner Einschub: In Frankreich hießen die viertürigen Limousinen »Berline«, nach einem Kutschenmodell, das anno Tobak in Berlin in Mode gewesen war. Und die Kombis ebenfalls nach einer Kutsche, englisch »Break«. Ein solcher Ami Break ist auf Seite 47 zu sehen, am Anfang dieses Kapitels.)

Wie sollte man das Problem des abfallenden Daches lösen? Chefdesigner Flaminio Bertoni entschied: Wir neigen die Heckscheibe anders herum! Das Dach wird dadurch viel länger und hängt sogar ein ganzes Stück über den Kofferraum. Einziger Nachteil: Vielen gefiel diese Z-Form nicht. Trotzdem fand Bertoni, der auch bereits Traction Avant, 2CV und DS (!) verantwortet hatte, der Ami sei sein gelungenstes Auto. Der erste Prototyp – er hieß »C-60« – sah übrigens vorn noch ziemlich nach DS aus und sollte auch technisch einiges übernehmen, aber das war zu teuer. Stattdessen wurde der 2CV als Basis verwendet, und das merkt man auch, wenn man drinsitzt: Ein Ami ist im Grunde eine bequeme Ente, komplett mit Revolverschaltung und Schaukelfederung. Während der Entwicklung wurde auch vom 3CV gesprochen, aber als das Auto herauskam, stand »Ami 6« drauf. Warum? Weil man bei Citroën so verliebt in das DS-Déesse-Wortspiel war, dass man auch hier mit den Buchstaben zaubern wollte: L'Ami Six … »Lamisis« … La Missis! Ein Frauenauto, dieser Ami!

Heute sind die Missen selten geworden. Sie wurden, wie ein niederländisches Automagazin schreibt, »nicht für die Ewigkeit gebaut«, und rosteten schnell weg. »Die meisten wurden als Einkaufswagen oder Keksdose wiedergeboren«, schließt der Bericht. Die Recycling-Idee mag ein bisschen trösten, aber wenn es Keksdosen mit Bertoni-Design gegeben hätte, wäre es noch schöner.

__ Ami 6 von 1961 bis 1969, über eine Million Exemplare, davon 480.000 Berlines und 550.000 Breaks. 600-ccm-Viertakt-Motor. 1963 entsprach der Neupreis: 1,3 VW Käfer Standard.

GARAGE
BOUCHARD
AUTOS. POIDS. LOURDS
24
SUPER

21__ DKW 3=6 Vemaguet

Aus São Paulo

Hä? Sah der DKW 3=6 von vorn nicht anders aus? Das fragen sich Oldtimerkenner angesichts unseres Fotos. Für Sie – und für alle anderen – kommt gleich die Auflösung, außerdem klären wir auch, was es mit diesem ominösen »3=6« eigentlich auf sich hat, und dazu muss ich ein bisschen ausholen. Los geht's vor etwas mehr als hundert Jahren, als ein Mann namens Jørgen Skafte Rasmussen in seiner Fabrik für Maschinenteile in Zschopau einen Dampf-Kraft-Wagen konstruierte. Abkürzung: D.K.W.

Mit dem Dampfer wurde es nichts, aber Rasmussens nächste Idee war besser: ein Fahrrad-Hilfsmotor, genannt »Das Kleine Wunder« (abgekürzt: DKW). Bald gab es auch Motorräder aus Zschopau, und ab Mitte der 1920er Jahre wurden Autos hergestellt. Nach Übernahme des Zwickauer Audi-Werks ging es dann richtig bergauf, das erste in Großserie hergestellt Auto mit Frontantrieb der Welt kam von DKW. Später, in den 50ern, stellte man einen Dreizylinder-Zweitakter vor. Der habe, rein rechnerisch, genauso viele Arbeitstakte wie ein Sechszylinder-Viertakter, erklärten die DKW-Ingenieure. Und klebten »3=6« auf die Autos, damit die Leute darüber diskutieren konnten. Was der Motor noch konnte, lesen Sie im Kapitel 105 (DKW Monza).

Jetzt kommt ein großer Sprung nach Brasilien. Das südamerikanische Land war zu dieser Zeit im Aufbruch, die Deutschen erhofften sich einen neuen Absatzmarkt. Genau wie Volkswagen streckte auch DKW die Fühler Richtung Südamerika aus. Wegen der hohen Zölle konnte man nicht einfach Autos dorthin exportieren. DKW löste das Problem, indem man Autos gemeinsam mit der ortsansässigen Firma Vemag in São Paulo baute. Zunächst lieferte man noch Teile aus Deutschland, dann produzierte man komplett vor Ort. Bald entstanden auch eigene, rein brasilianische Modelle wie der »Fissore« und der sportliche »Puma«, alles auf 3=6-Zweitaktbasis. Bei unserem 1967er »Vemaguet« sieht man die enge Verwandtschaft zum deutschen Kombi (DKW F 94 / Auto Union 1000 Universal) sofort. Nur der Kühlergrill des Brasilianers irritiert Kenner, aber ist es nicht auch schön, ein altes Auto mal ganz neu zu sehen?

__ Gebaut von 1958 bis 1967, 48.000 Exemplare in Brasilien (als F94 bzw. AU Universal in Deutschland: 1957 bis 1962). 1957 entsprach der deutsche Preis eines DKW Universal: 1,7 VW Käfer Standard.

BRB-6318

— Da glitzern vier Ringe in der Sonne:
Auto Union 1000 aus deutscher Fertigung

1000

22 Fiat 1300

Besser als nötig

Die Römischen Verträge von 1957 waren ein wichtiger Schritt zu einem Europa ohne Grenzen und Zölle. Neue Chancen für die Automobilhersteller, aber auch neue Herausforderungen: Einerseits konnte man versuchen zu expandieren, andererseits kam neue Konkurrenz in die bisher recht sicheren Heimatmärkte. Bevor Fiat 1961 seinen neuen 1500/1300 vorstellte, schickte man deshalb 19 Prototypen in eine harte Erprobungsphase. 60 bis 120.000 Kilometer legte jedes Fahrzeug zurück, durch verschiedene Klimazonen und auf gemeinsten Straßenbelägen. Nur keine Blamage im neuen Binnenmarkt riskieren! Die Tempotests wurden auf der damals neuen »Autostrada del Sole« gefahren, der Autobahn, die auch die Touristen aus dem Norden an Italiens Strände brachte.

Das Ergebnis der Testerei war offenbar zufriedenstellend. »Der Neue«, schrieb die Zeitschrift Hobby, »will ein schneller Hecht im Karpfenteich der Mittelklasse sein. Dies wurde uns so recht klar, als wir in schonungsloser Hetzjagd durch Italiens Berge fuhren und die imponierenden inneren Qualitäten dieses Wagens vor Augen geführt bekamen.« Auch der Redakteur eines anderen Magazins war spürbar begeistert: »Man sitzt wirklich gut und unbeengt in diesem Wagen, besser als der Durchschnittsfahrer überhaupt sitzen will.« Ja, wie gut will man denn überhaupt sitzen? Bevor es darüber zu Diskussionen kommt, schauen wir uns den Fiat lieber von außen an. Da sieht man deutlich einen Einfluss aus Amerika, zum einen an den Doppelscheinwerfern, aber vor allem an dem Falz, der um die Gürtellinie verläuft. Der war vorher schon beim Corvair zu sehen (siehe Nummer 77) und bekam hier noch eine Betonung über Scheinwerfern und Rücklichtern. Dieser Falz hatte es in Europa mehreren Designabteilungen angetan. Zusätzlich hängt beim Fiat das Dach ein paar Zentimeter über die Heckscheibe.

Bei Fiat wurde das Modell schon nach sechs Jahren abgelöst. Aber es gab es auch als Zastava, als jugoslawischen Lizenzbau. Der »Tristać« wurde bis 1979 weitergebaut. Spitzname: »Jugoslovenski Mercedes«. Ein wahrhaft internationales Auto!

Gebaut von 1961 bis 1967, etwa 600.000 Stück. Länge: 4,03 Meter, Gewicht: 920 Kilogramm. 1961 kostete ein Fiat 1500 so viel wie 1,9 VW Käfer.

14201 PZ

23 Ford Taunus 12 M

Der Streifentaunus

Konrad Adenauer lockte als Kölner Oberbürgermeister den US-Autohersteller Ford ans Rheinufer nach Niehl. Es gab durchaus Konkurrenz bei der Standortwahl für das Werk, aber für Köln sprachen unter anderem die Steuererleichterungen, die der OB in Aussicht stellte – das war damals auch nicht viel anders als heute. Ab 1931 gab es Fords aus deutscher Fertigung. Nach dem Zweiten Weltkrieg war das erste neue Modell der »Taunus 12 M«. Die 12 stand dabei für den Hubraum (1,2 Liter), das M für »Meisterstück«. Und den »Taunus« übernahm man vom Vorkriegsmodell, aus der Zeit, als es auch »Eifel« und »Rheinland« gegeben hatte: deutsche Landschaften für den deutschen Ford.

Wirklich auf den ersten Blick einleuchtend sind dagegen die Spitznamen der M-Modelle: »Weltkugel« wird die erste Generation genannt, weil sie als Emblem vorn an der Motorhaube ein aufwendig gearbeitetes Globus-Logo trug. Für ein Foto davon bitte einmal umblättern. Ab 1959 verschwand die Weltkugel, das Auto wurde ein bisschen flacher und hatte, nach US-Vorbild, einen chromglänzenden Kühlergrill. Die Seiten bekamen einen weißen Streifen – egal welche Grundfarbe man bestellte. Logischer Kosename: Streifentaunus. Im Vergleich zur direkten Konkurrenz von Opel und VW sahen die Meisterstücke höchst modern aus, und recht amerikanisch. Kein Wunder, das Styling wurde in den USA erledigt. Innen ist mit Rund-Tacho und Blumenvase aber alles schön konservativ-europäisch.

Was beide Autos nicht haben, ist die Ford-Pflaume, das ovale blaue Logo, das heute noch international verwendet wird. Das gab es damals durchaus schon, vor dem Krieg auch an den deutschen Modellen. Aber als im Nationalsozialismus das Kölner Werk auf die Produktion von Rüstungsgütern umgestellt wurde, verboten die Machthaber auch das amerikanische Logo. Die Pkw erhielten eine Weile lang einen stilisierten Kölner Dom als Markenzeichen. Bei den Taunussen aus den 50ern findet sich Kölns Stadtwappen mit den drei Kronen und elf Tränen auf Hupenknopf und Heckdeckel. Erst nach 1962 leuchtete die Pflaume wieder auf den deutschen Fords.

Gebaut von 1952 bis 1962, etwa 430.000 Taunus 12 M. Höchstgeschwindigkeit: 114 km/h, 0 auf 100 in 33 Sekunden. 1958 entsprach der Neupreis: 1,5 VW Käfer Standard. Optional Heizung: 165 Mark, 4. Gang: plus 98 Mark.

GL JR 215H

Taunus

Von Köln aus überallhin: Weltkugel-Taunus 1952 bis 1959

24__ Glas Goggomobil

Vier Sitze auf drei Metern

»Autofahren«, schrieb Motorjournalist Paul Simsa 1957, »ist bei den Kleinen wie bei den Großen nun mal mehr eine Weltanschauung als reine Zweckbetätigung.« Ihm ging es in seinem Artikel um die Frage, ob man das winzige Goggomobil eher als zweitürige Limousine oder noch engeres Coupé kaufen sollte: »Die Geister scheiden sich schon vor dem Schaufenster.« Vier Sitze waren immer drin. Nur musste man halt recht schlank sein, um tatsächlich zu viert fahren zu können. Das Goggo war als »erstes Auto« konzipiert: für Leute, die bisher nur Moped gefahren waren und sich jetzt den Umstieg ins Autofahrerleben leisten wollten. Immerhin war ein Dach drauf, und man wurde bei Regenfahrten nicht so nass wie auf dem Motorroller. Hergestellt wurden die Töfftöffs von der Firma Hans Glas im bayerischen Dingolfing. Den Namen Goggo erfand ein Kindermädchen der Familie Glas – und zwar als Kosenamen für den jüngsten Sprössling. Von dem ging er dann auf das Autochen über.

Und wie fährt sich's im Goggo? Lassen wir noch einmal die zeitgenössischen Journalisten zu Wort kommen, zum Beispiel den Tester der »Autorevue«, der meinte, man müsse sich erst mal dran gewöhnen, aber dann »kann man bei voller Sicherheit dem kleinen Goggomobil eine Fahrweise zumuten, die mit größeren Wagen geradezu halsbrecherisch wäre. Würden Bergrennen bergabwärts gefahren, so wären Goggomobile aussichtsreiche Anwärter auf den Gesamtsieg der Tourenwagenkategorie.« Auch »Auto, Motor und Sport« lobte das Überholtemperament des Kleinen. Verbesserungspotenzial? Einen zweiten Scheibenwischer wünschte man sich, anfangs gab es nämlich nur einen. Ein Lob dann noch für den verstellbaren Fahrersitz – auch wenn man zum Verstellen einen Schraubenschlüssel brauchte.

Sollten Sie sich fragen: »Wieso Limousine oder Coupé? Ich hätte das Cabrio genommen, wie auf dem Foto!« Wäre leider nicht gegangen, es gab nämlich ab Werk gar keine offene Version. Dass man heute recht viele davon sieht, liegt daran, dass man den Coupés später gern das Dach weggeflext hat – das sorgte für wirklich viel Platz, zumindest nach oben.

Gebaut von 1955 bis 1969, gut 60.000 Coupés und 210.000 Limousinen. Zweizylinder-Zweitakter mit anfangs 14, später 20 PS, Schmierdienst alle 2.000 km, Reifenformat: 4,80-10. Neupreis Limousine (1956): umgerechnet 0,8 VW Käfer.

GL WM 11

25 Jaguar Mark 2

Schnell!

Ab 1955 gab es den »kleinen Jaguar«. Vorher bauten sie in Coventry bereits eine große Luxuslimousine und ein sportliches Modell namens XK. Die neue dritte, keineswegs ärmlich ausgestattete, kompaktere Baureihe sollte neue Käufer anlocken. Einen eigenen Namen hatte sie nicht, nach ein paar Änderungen 1959 nannte man die Modelle »Mark 2«. Die gemütlich aussehende Familien-Limo schaffte über 200 Stundenkilometer, in der stärksten Motorisierung war sie jahrelang die schnellste Limousine der Welt. Auch vor den meisten englischen Polizeirevieren stand darum ein Mk 2.

Kleiner Exkurs: Den Mark 2 gab es auch als Daimler, erkennbar am geriffelten Kühlergrill. Quasi das gleiche Auto, nur ohne Katze auf der Motorhaube und noch ein bisschen luxuriöser ausgestattet. Jaguar hatte 1960 die Daimler Motor Company gekauft und bediente damit die etwas reicheren Kunden. Das Königshaus nutzt auch gern Daimler-Staatskarossen.

In knautschigem Leder fläzen, auf ein schönes Holzarmaturenbrett schauen und hinter einer springenden Chromkatze herfahren: in einem Jaguar Mk 2 zu sitzen, gehört zu den schöneren Beschäftigungen im Leben. Außer natürlich, der Jaguar macht komische Geräusche, springt wieder nicht an oder ist sonst wie kaputt. Das scheint bei dem 1962er Exemplar auf unserem Foto genau ein Mal zu oft der Fall gewesen zu sein. Die Kupplung war's, die nicht mehr richtig wollte. Der Besitzer parkte das damals 30 Jahre alte Edelblech daraufhin in seiner Garage im US-Staat Oregon und schaute es für ein Vierteljahrhundert nicht mehr an. Die Kinder wuchsen heran, es kamen Enkel … alles war wichtiger, als dieses Auto wieder fahrtüchtig zu machen. 2018 schließlich durfte ein Händler den alten Jaggy abholen und verkaufen.

So gelangte er nach Florida. Der aktuelle Owner heißt Greg, er kaufte ihn einerseits, weil seine Frau immer schon so einen wollte – anderseits, weil Greg alte Autos generell liebt. Der Mark 2 bekam ein bisschen Service und Reinigung. Demnächst geht er ganz bestimmt auch wieder auf große Fahrt – allerdings macht die Kupplung gerade ein paar Probleme …

Gebaut von 1955 bis 1969,
etwa 85.000 Exemplare.
Sechszylinder, 12-Volt-Batterie,
Hubraum: 2,4 / 3,4 / 3,8 l.
Wendekreis: 11 Meter,
Länge: nur 4,59 Meter.
1957 kostete die 3,4-l-Version
so viel wie 5 VW Käfer.

FLORIDA
2 - 28901

LITRE

Der beißt nicht,
der will nur fahren!

26 Kleinschnittger F 125

Zwergroadster aus dem Sauerland

Er wird mit einem Seilzug gestartet wie ein Rasenmäher, ist nur ein Stückchen größer als die Autos auf einem Jahrmarktkarussell, und das Dach ist ein besserer Regenschirm. Aber er ist ein richtiges Auto! Der erste in Serie hergestellte deutsche »Kleinstwagen« war der Kleinschnittger F 125.

Gebaut wurden die türlosen Cabrios ab 1950 in Arnsberg im Sauerland, in einer eigens errichteten Fabrik, hochgezogen auf einem zerbombten Trümmergelände. Paul Kleinschnittger, der seine ersten Prototypen bereits vor dem Krieg aus Flugzeugschrott zusammengebastelt hatte, bot auf diese Weise 50 Menschen einen Arbeitsplatz. Insgesamt entstanden wohl 2.000 Kleinschnittger F 125, laut Prospekt ideal »für Beruf, Sport und Reise«. Ihre Auslieferung war eine Schau für sich: An den Fiat des Firmenchefs wurden in Zweierreihen bis zu 15 der Mini-Autos gehängt. Kleinschnittger selbst schleppte sie dann zum Bahnhof, ein Anblick wie ein Lehrer mit einer Schar Grundschüler. Dort wurden sie quer in normale Güterwaggons gestellt. Viel Rangierarbeit war dazu nicht nötig, denn die Autos wiegen dank Alu-Karosserie nur 150 Kilo, hinten kann man sie locker anheben und einfach herumdrehen. Dieser Trick ist freilich auch beim Einparken nötig, denn auf den Rückwärtsgang wurde verzichtet.

1957 musste die Firma Konkurs anmelden. Paul Kleinschnittger hatte noch versucht, ein größeres Nachfolgemodell zu entwickeln, scheiterte aber an den Banken, die ihm keinen Kredit mehr gaben. Der Sauerländer an sich ist aber jemand, der eine Sache, die er mal begonnen hat, zu Ende bringt. Auch Kleinschnittger gab seine Kleinstwagen nicht auf: Nachdem alle Gläubiger bedient waren, blieb noch Geld, um die übrig gebliebenen Einzelteile aus der Konkursmasse herauszukaufen. Da er keine Autos mehr daraus bauen konnte, versorgte der Unternehmer seine alten Kunden zumindest weiter mit Ersatzteilen. Die kleinen Roadster wurden früh zu einem Kuriosum, und so fand sich auch schnell eine Liebhaberszene zusammen. Trotzdem sind nicht mehr viele F 125 unterwegs, überlebende Exemplare werden gut behütet und – wenn überhaupt – sehr teuer verkauft.

Gebaut von 1950 bis 1957,
wahrscheinlich 2.000 Stück.
Monatsproduktion: 60 Wagen.
125-ccm-Zweitakter mit 6 PS,
70 km/h Spitze, 150 Kilo schwer,
Verbrauch: unter 3 Liter.
1952 entsprach der Neupreis:
0,35 VW Käfer Cabrio.

27__Mercedes 200 D (W 110)

Die Heckflosse

Mit der Heckflossen-Baureihe machte Mercedes einen dummen Fehler. Für heutige Oldtimerfahrer hat das Ungeschick der damaligen Daimlerchefs allerdings Vorteile. Es war so: Als 1959 die neue Baureihe W 111 erschien, war das der modischste Mercedes aller Zeiten. Man hatte beim Styling ungeniert Richtung USA geschielt: Panoramascheiben vorn und hinten, der Tacho nicht rund, sondern senkrecht wie ein Fieberthermometer, und dann noch die schmalen Flossen am Heck. Für die schämten sich die Stuttgarter ein bisschen, sie nannten sie »Peilstege« und behaupteten, das sei schlichtweg eine Einparkhilfe. Als Ablösung für die rundlichen Pontons war der neue »220 S« mit Sechszylinder-Motor auf jeden Fall ein ganz schöner Hingucker. Das Wort S-Klasse gab es damals noch nicht, aber der Wagen war auf jeden Fall Chefklasse.

Etwas später kam das Modell mit dem kleineren Motor heraus, das für die Taxifahrer und Angestellten. Die machten große Augen, denn wie sich herausstellte, war der »W110« zwar ein ganzes Stück kürzer, aber innen genauso groß! Ab der Windschutzscheibe waren die Autos gleich: gleiche Sitze, gleich große Türen, gleiche Beinfreiheit, gleicher – riesiger – Kofferraum. Das Mehr an S-Länge entfiel komplett auf die vorderen Kotflügel. Wenn ein wohlhabender Fabrikant, der viel Geld für seinen neuen Daimler hingelegt hatte, bei einer Geschäftsreise mal in ein rappelndes Dieseltaxi stieg, stellte er fest, dass er darin genauso viel Platz hatte und der Dieselkutscher vorn auf das gleiche Armaturenbrett schaute. Das ging gar nicht! Die Kundschaft empörte sich.

Das Auto auf dem Bild ist meins. Ein Diesel, Ex-Taxi, Arbeitstier – aber man sieht's ihm nicht an, denn irgendjemand hat schon in den 70er Jahren alles drangeschraubt, was er an Chrom und Holz vom »großen« Modell auf Schrottplätzen auftreiben konnte: Doppelstoßstangen, Flossenchrom, Fensterleisten. Das machten viele: eine kleine S-Klasse aus ihrer Droschke zaubern. Tuning für jedermann! Und heute erleichtern die Gleichteile die Ersatzteilsuche. Wie gesagt: ein dummer Fehler! Und meine »S-Klasse« verbraucht nur 6,5 Liter Diesel.

Gebaut von 1959 bis 1967,
als W 111: 340.000 Exemplare,
als »kleine Flosse«: 630.000.
Gewicht: 1.400 Kilo,
Leistung (Diesel): 55 PS,
0 auf 100 in 28 Sekunden.
1962 kostete der Diesel
so viel wie 2,5 VW Käfer.

K UN 367H

— Man erkennt's an den großen Lichtern: Mercedes W 111 »Große Heckflosse« (Flohmarktversion)

HELL
GAMA 375

28 Opel Kadett A Coupé

Sentimental Journey

Am 11. Oktober 1966 schaltete der WDR Hörfunk live nach Bochum, wo NRW-Wirtschaftsminister Gerhard Kienbaum gerade höchstpersönlich einen Opel Kadett vom Fließband chauffiert hatte. Der Reporter freute sich: »Bochum hat einen neuen Millionär bekommen. Das ist eine ganz große Ausnahme, es handelt sich nicht um eine Person, sondern diesmal um einen Wagen, genauer gesagt: den Opel Kadett. Der einmillionste Wagen ist soeben vom Fließband gefahren.« Gut vier Jahre gab es damals das Werk, zu der Zeit waren 20 Prozent der Mitarbeiter ehemalige Bergmänner. Der Kadett (1966 schon die B-Reihe) war ein Segen für die Region, eigens für ihn war diese Autofabrik errichtet worden. Kurz zuvor hatten gleich drei Zechen dichtgemacht, neue Arbeitsplätze wurden dringend benötigt. Der Strukturwandel sollte das Ruhrgebiet noch lang in Atem halten.

Die Werkshallen waren 1962 ganz neu, der Kadett war es ebenfalls. Unter strenger Geheimhaltung entwickelt, sollte er der »Anti-Käfer« im General-Motors-Konzern sein. (Eine schwierige Aufgabe. Die Zeitschrift »Hobby« ließ einmal acht Fabrikate antreten – um am Ende zu befinden, dass am ehesten wohl die Wolfsburger selbst einen Käferkiller hinbekommen würden.) Das Projekt »Kadett« war so wichtig, dass wirklich kein Außenstehender Details erfuhr, entsprechend gespannt war die Öffentlichkeit. Als der Wagen fertig war, hatte er mehr Platz zu bieten als der VW, mehr Tempo und einen niedrigeren Verbrauch, dazu bessere Übersichtlichkeit und Heizung. Eine Menge Vorteile für 95 Mark mehr.

Detlef Jakob ist mit beidem eng verbunden: mit dem Bochumer Opel-Werk und mit dem Kadett. 36 Jahre lang, bis zur Schließung 2014, arbeitete er bei Opel in Bochum. Unter anderem war er Leiter der Klassik-Abteilung, und da schließt sich der Kreis. Denn er ist auch langjähriger Kadettfahrer. Sein A-Coupé, Baujahr 1965, besitzt er seit 29 Jahren. Es wurde nie restauriert und hat, so wie Sie es hier sehen, nur 67.000 Kilometer auf dem Tacho. Fürs Foto sind wir noch mal rübergefahren zum alten Opel-Werk, das Verwaltungsgebäude steht noch. Ein schönes Ziel für einen sentimentalen Ausflug.

Gebaut von 1962 bis 1965, etwa 50.000 Coupés der Generation Kadett A. Sie hatten 48 PS und schafften 130 km/h. 0 auf 100 in 18 Sekunden, Länge: 3,92 Meter. 1964 kostete ein Coupé so viel wie 1,3 VW Käfer.

O-WERK

29 Panhard PL 17

Fast vergessen

Es ist einer dieser Namen, die man heute kaum mehr kennt, die aber einmal groß und glanzvoll waren: »Panhard & Levassor« war eine Pariser Autofirma – eine der ersten der Welt. Vor allem Émile Levassor, einer der beiden Namensgeber, trieb die Autotechnik früh mit Erfindungen voran. Furchtlos probierte er sie auch selbst aus und nahm schon in den 1890er Jahren an Autorennen teil. 1896 erlitt er beim Rennen Paris–Marseille–Paris einen Unfall, an dessen Folgen er später starb. So gilt er nicht nur als einer der Väter des Automobils, sondern auch als erstes Todesopfer im Motorsport.

Sein Kompagnon, René Panhard, machte weiter. Zum Image der Firma gehörte immer auch, extravagante Ideen auszuprobieren. Eine Panhard-Limousine hatte zum Beispiel den Fahrersitz in der Mitte! In den 1950er Jahren spezialisierte man sich auf kleinere Autos mit Zweizylinder-Motoren, für die ganz eigenwillige, sehr aerodynamische Karosserien geschneidert wurden. Panhards sahen immer anders aus als alle anderen Autos. Das Modell auf unserem Bild ist zugegebenermaßen nicht mehr ganz im Concours-Zustand, trotzdem fallen noch die rundlichen Linien und die geschwungenen Lampen-Einfassungen auf. Es ist ein »PL 17«, dabei steht PL für Panhard und Levassor. Die 17 ist was für Kopfrechner: 5 Steuer-PS, 6 Plätze und 6 Liter auf hundert Kilometer – ergibt zusammen 17. So wurde allen Ernstes die Bezeichnung für das Modell kreiert! 1959 kam es auf den Markt, bis 1965 wurden die 17er gebaut, später übernahm Citroën den Laden.

Das Foto des malerisch zuwachsenden PL 17 gibt mir die Möglichkeit, noch über ein anderes Hobby mit Oldtimerbezug zu sprechen: Wrackjäger wie Mario (von dem das Bild ist) zeigen, wie ehemals strahlende Statussymbole langsam zerfallen. Sie fotografieren alte Schätze, die in Scheunen, Schuppen oder im Freien von Zeit und Natur überwältigt werden. Manchmal sehen die Autos aus, als könnte man sie noch retten, andere sind schon fast eins geworden mit dem Waldboden. Die besten Plätze für solche Expeditionen werden diskreter gehandelt als die Adressen mancher privaten Oldtimersammlung mit Millionenwert.

Gebaut von 1959 bis 1965,
160.000 Exemplare.
Zweizylinder, 850 Kubik, 42 PS.
Rallye Monte Carlo 1961:
PL 17 auf Platz 1, 2 und 3!
1959 entsprach der Neupreis:
1,8 VW Käfer Standard.

30 Peugeot 404

Die Löwin

1960 kam ein neues Peugeot-Modell heraus: der in Heckflossenform gestylte Typ 404. Die markante waagerechte Seitenlinie vom runden Scheinwerfer bis zur Spitze am Rücklicht gab es allerdings nicht nur bei Peugeot – eine ganze Reihe englischer Autos hatte genau die gleiche. Designer Pininfarina bediente damals nämlich halb Europa und verkaufte seine Trapezform überallhin. Wenn Sie also manchmal stöhnen: »Heute sehen alle Autos gleich aus«, dann googeln Sie mal »MG Magnette IV«, »Wolseley 15/60« oder »Austin A55 Cambridge« … und das sind noch lange nicht alle »Farina Saloons«. Sie erschienen alle ungefähr gleichzeitig, aber keine der internationalen Design-Schwestern schlug so ein wie der Peugeot. Die »Löwin von Sochaux« kam auf fast drei Millionen Exemplare, hergestellt nicht nur im ostfranzösischen Sochaux, sondern quasi weltweit, zum Beispiel in Argentinien oder Australien.

Als Absatzmarkt hatte man 1960 auch die USA im Blick gehabt. Dort blieben die Verkäufe aber überschaubar. Wo der 404 weit besser ankam, war Afrika. Seine Qualitäten bewies er Mitte der 60er Jahre schon bei der »East African Safari Rallye« in Kenia. Diese 5.000-Kilometer-Folter gewannen die »Kattson-katt« viermal. In der Folge entwickelten sie sich zu einem Symbol der Motorisierung des Kontinents, sie wurden sozusagen das Afrika-Auto-Klischee. Vor allem die Pick-up-Version gehört in vielen afrikanischen Ländern heute noch zum Straßenbild, meist beige lackiert und häufig mit allen Materialien geflickt, die man irgendwo auftreiben konnte (Beispiel aus Tunesien: bitte umblättern!). Schiffsladungsweise gingen die Limousinen von Frankreich aus auf die Reise, wurden aber auch in eigenen Fabriken unter anderem in Südafrika und Nigeria zusammengebaut. Der allerletzte 404, ein Pick-up, rollte 1991 in Kenia vom Band – über 30 Jahre nach dem ersten.

Wenn der Fahrer unseres hellblauen 1968er Modells daheim im Rheinland an afrikanischen Auswanderern vorbeifährt, zeigen sie darum oft fröhlich das Daumen-hoch-Zeichen. Auto-Nostalgie ist eben eine internationale Sache.

Gebaut von 1961 bis 1991, etwa 2,8 Millionen Stück, davon 800.000 Pick-ups. Länge: 4,41 Meter, 1.600 ccm schaffen 65 PS, 0 auf 100 in 19 Sekunden, Höchstgeschwindigkeit: 142 km/h. 1961 entsprach der Neupreis: 2,3 VW Käfer Standard.

— Ein Gruß aus Djerba!
Peugeot 404 Pick-up

30 تونس 3336

31 Renault 4

La Parisienne

4L, »Quatrelle«, wird in Frankreich das Auto genannt, das bei uns R4 heißt. Seit 1961 gibt es diese nützlichen Gefährte, und auch wenn von den gut acht Millionen Quatrelles heutzutage nicht mehr viele übrig sind, haben sie dennoch treue Liebhaber. Und Liebhaberinnen! Eine davon lebt in der Nähe von Wien. Als das 60-jährige R4-Jubiläum näher rückte, beschloss Geraldine de Comtes, Österreicherin mit französischen Wurzeln, ein Treffen mit 60 Quatrelles zu organisieren. Keine leichte Aufgabe: Fahrbereite R4 sind selten geworden. Man trifft sie auch kaum einmal auf einem Oldtimertreffen. Sie hatten – wie all ihre Zeitgenossen – schwer mit Rost zu kämpfen und wurden in ihrem ersten Leben als Nutzfahrzeuge nicht geschont. Der R4 ist zu praktisch: Die riesige Heckklappe, ein flacher Kofferraumboden, vier Türen, ein robuster Motor … mit einem R4 konnte man immer alles machen, und das lichtete die Reihen. Wenn man heute mal einen sieht, dann wahrscheinlich ein spätes Modell, erkennbar am Kühlergrill aus Plastik.

Die erste Generation hatte noch einen schmalen Chromkühler. So einen, Erstzulassung 1964, fährt Geraldine. Und dann auch noch in der Version mit dem Strohgeflecht auf den Seiten! »Parisienne« nannte Renault dieses Sondermodell mit der »Cannage«, die zwar nicht aus echtem Stroh ist, aber dreidimensional gedruckt. Zusammen mit der Zeitschrift Elle hatte Renault dieses Design entwickelt, um mehr Frauen als Fahrerinnen zu gewinnen. Modefotos mit der Parisienne als Hintergrund sollten gegen das sich bildende Lieferwagen-Image helfen. Durchaus mit Erfolg, auch heute noch ist der R4 einer der wenigen Oldtimer, die häufig von Frauen bewegt werden.

Hat Geraldine es denn nun geschafft, 60 zum Sechzigsten zusammenzubringen? Mit Hilfe einer eigenen Website, einer Facebook-Gruppe und viel internationalem Mailverkehr kamen am Schluss 80 Oldtimer – 59 davon Quatrelles, die eine gemeinsame Ausfahrt unternahmen. Ein halber Kilometer R4-Stau außerhalb Frankreichs. Das hat es wohl auch noch nie gegeben.

Gebaut von 1961 bis 1992,
etwa 8 Millionen Exemplare.
Vierzylinder-Viertakt, 750 ccm,
Spitze: 98 km/h (gemessen 1962),
0 auf 80 in 34 Sekunden.
1962 entsprach der Neupreis:
1,02 VW Käfer Standard.

32 Saab 96

Das Saab-Gefühl

»Rasant, geräumig, elegant. Mit Flugzeugqualität«, frohlockte der Werbeprospekt zum Saab 96. Sollten Sie sich nun fragen, was das sollte, dann folgen Sie mir ein paar Jahre zurück in der Firmengeschichte. Es ist nicht weit, nur bis kurz vor dem Zweiten Weltkrieg. Damals beschloss das (neutrale) Schweden, dass es zusätzlich zur Herstellung von Waffen und Schiffen auch eine eigene Flugzeugindustrie haben sollte. Für alle Fälle. 1937 entstand die Svenska Aeroplan Aktiebolaget, übersetzt etwa Schwedische Flugzeug AG, abgekürzt: SAAB. Sie produzierte Militärmaschinen, zum Beispiel die erfolgreiche Saab 91 »Safir«, die 1945 zum ersten Mal abhob.

Nach dem Krieg expandierte die Firma in den Bereich Automobilbau. Das erste Automodell hieß folgerichtig »Saab 92«. Es war viel rundlicher und aerodynamischer als die anderen Autos zu der Zeit – eben Flugzeugqualität. Der selbst entwickelte Zweizylinder-Zweitakt-Motor wurde bald durch einen Dreizylinder abgelöst, im Saab 93. Die eigenwillige Form behielt die Mannschaft aus Trollhättan, nicht weit von Göteborg, aber bei. Auch der Saab 96, hier im Bild, war vom Design her immer noch eher etwas für Individualisten. Er wurde 1960 vorgestellt und 20 Jahre lang gebaut. Unser Exemplar ist von 1967 und hat schon einen Vierzylinder-Motor, man erkennt das an dem stolzen »V4« auf der Heckklappe. Dieser Motor hatte keine Flugzeugqualität, sondern kam aus Köln. Es war die gleiche Maschine wie im Ford Taunus. Der Zweitakter geriet zu der Zeit aus der Mode, also testeten die Schweden mehrere Motoren und kauften schließlich in Deutschland ein.

Unser Fotomodell wurde als Gebrauchtwagen in Schweden gekauft. Im Kofferraum lagen – ohne Aufpreis – Spikereifen. Die nützen hier zwar nicht viel, zeigen aber, dass man den Saab natürlich prima im Winter fahren kann. Die Heizung war immer serienmäßig, es gab sogar Unterbodenrostschutz ab Werk, und der Frontantrieb ist im Schnee auch gut. Und weil es in Schweden außerdem kein Salz auf den Straßen gibt, lohnt so ein Schwedenimport. In Flugzeugqualität!

Saab 96 von 1960 bis 1980 über 500.000-mal gebaut. Zuerst mit Zweitakt-Motor, Dreizylinder, ab 38 PS, später Vierzylinder-Viertakter, 62 PS. 1967 entsprach der Neupreis: 1,7 VW Käfer 1200.

ME VX 96H
SAAB

33 Simca 1000

Ein Auto mit Gesicht

Er sieht immer ein bisschen unzufrieden aus, der kleine Simca Mille. Oder finde das nur ich? Seinem Erfolg hat sein missmutiges Autogesicht jedenfalls nichts anhaben können, knapp zwei Millionen Exemplare wurden in 18 Jahren gebaut. Ab 1961 konnte man die Viertürer kaufen, der Motor war im Heck, das ganze Ding nur drei Meter 80 lang. Die kubische Form war gewöhnungsbedürftig, aber sinnvoll, vor allem für Passagiere auf den hinteren Plätzen. Und dort konnte man sogar auch noch die Fenster runterkurbeln, das war in den 60er Jahren keineswegs selbstverständlich.

Eigentlich sollte der 1000 in Zusammenarbeit mit Fiat entstehen. Aber Firmengründer Henri Pigozzi – einst Fiat-Importeur in Frankreich – machte es den Italienern nicht leicht. Obwohl den Turinern sogar die Mehrheit der Simca-Firmenanteile gehörte, kam während der Entwicklung des Simca 1000 ständig Gegenwind aus Poissy, wo das Simca-Werk war. Pigozzi lehnte immer wieder die Vorschläge der Fiat-Konstrukteure ab – so lange, bis Fiat die Sache hinschmiss. An der Firma beteiligt sein wollten die Italiener auch nicht mehr, Chrysler übernahm die Simca-Mehrheit.

Ein Marketingcoup von Pigozzi war es, 50 der kleinen Viertürer als Taxi durch Paris fahren zu lassen. So wurde das kantige Design bei Einheimischen und Touristen schnell bekannt. Für das Thema Rennsport interessierte man sich bei Simca dagegen zunächst nicht besonders. Nur Abarth durfte ein paar Sport-1000er bauen. Erst 1970 lancierte Simca den »Rallye«, eine Krawallschachtel, die sehr gut ankam. Es könnte allerdings sein, dass diese Rallyekracher auch dafür verantwortlich sind, dass es heute nur noch so wenige Simca 1000 gibt. Denn viele Fahranfänger, die in den 70er und 80er Jahren einen billigen alten 1000er bekamen, wollten auch Rallye-Pilot spielen … mit erwartungsgemäßem Ergebnis. Auch heute noch sind Simca Rallye bei jedem Klassikerrennen dabei. Späte Modelle haben eckige Scheinwerfer und eine vordere Haube ohne die Welle, die den unverwechselbaren Gesichtsausdruck ausmacht. Schade, gerade hatte ich mich dran gewöhnt!

Gebaut von 1961 bis 1978,
fast 2 Millionen Stück.
Vierzylinder, Viertakt, 39 PS.
Unser Fotomodell fuhr erst
in Italien, dann in England
und jetzt in Japan.
1963 entsprach der Neupreis:
1,2 VW Käfer Standard.

SIMCA
1000 GLS
練馬512
も 10-00

34_ Triumph TR 2

Viel Zukunft

Eine zerbombte Fabrik und eine pleitegegangene Firma: Mit diesen beiden eher betrüblichen Daten beginnt die Geschichte des TR 2. Triumph hatte ab 1889 Fahrräder produziert. Der Firmengründer, Siegfried Bettmann, war übrigens ein gebürtiger Nürnberger, der sich in Coventry niedergelassen hatte. In den 1920er Jahren kamen die ersten Autos von Triumph, in den 30ern wurden sie größer und luxuriöser, 1939 kam der Konkurs. Im Krieg war Coventry als Zentrum der Auto- und Flugzeugindustrie schon früh das Ziel verheerender Luftangriffe. Dabei wurden auch die Fertigungshallen zerstört. Was übrig blieb – der Name Triumph und das gute Image der Marke – kaufte Konkurrent Standard Motors.

Jetzt kommen wir zum Jahr 1952. Auf der British Motor Show steht ein »Standard-Triumph«-Roadster, der aus allerlei Teilen von anderen Autos besteht und den ein eigens angeheuerter Testfahrer als »Todesfalle« bezeichnet hat. Auf der Messe kommt der kleine Sportler auch nur so mittel an: zu kleiner Kofferraum und zu wenig Speed, lautet die Kritik. Das einzige Exemplar wird daraufhin komplett umgebaut. Dieser zweite Versuch (daher TR 2), wird im Frühjahr 1953 fertig – und jetzt ist das Auto richtig gut. Als Markt wird vor allem Nordamerika anvisiert. Der TR 2 ist das Gegenteil der komfortablen Straßenkreuzer, die dort die Autofans langweilen: Keine Fenster zum Kurbeln, notfalls kann man Scheiben auf die Türen stecken. 830 Kilo Gewicht. 90 PS. Viele Instrumente. Und als einziger Komfort eine gepolsterte Türkante für den Ellenbogen. Das erste Serienexemplar ist gleich ein Linkslenker für den Export.

Damit das neue Modell schnell bekannt wird, absolviert der Testfahrer, der beim Prototyp noch von »bloody death trap« gesprochen hatte, eine Hochgeschwindigkeitsfahrt. In Jabbeke in Belgien stoppen unbestechliche Zeitnehmer vom Königlich-Belgischen Automobilclub ein Tempo von 201 Stundenkilometern. Es gibt einen hübschen Filmbericht darüber, der dem TR 2 eine tolle Zukunft prophezeit. Völlig korrekt: Bis 1981 zählte man bis TR 8.

Gebaut von 1953 bis 1955, vom TR 2 gab es 8628 Stück, davon gingen 5.800 ins Ausland. Vierzylinder, Hubraum 2.000 ccm. 28. Platz bei der Mille Miglia, Fünfter in Le Mans 1954. 1954 entsprach der Neupreis: 1,6 VW Käfer Cabrio.

GV TR 22H

35__ Volvo Amazon

Serie 120

Ein umstrittenes Ausstattungsdetail wurde ab 1959 zum ersten Mal serienmäßig in einem Auto verbaut: Dreipunkt-Sicherheitsgurte. Was wollte man damit? War es nicht besser, bei einem Unfall aus dem Wagen geschleudert zu werden? Das fragten damals viele, ganz im Ernst. Das Volvo-Management ließ sich aber nicht beirren, die Innovation passte ideal zu dem modernen Modell, das Volvo einige Zeit vorher auf den Markt gebracht hatte. Dessen Gestalter hatten zunächst die Konkurrenz in anderen Ländern genau analysiert und dann einen ganzen Schwung Prototypen begutachtet. Die Pontonform, die herauskam, war Lichtjahre aktueller als das Buckeldesign des Vorgängers (siehe Nummer 73).

»Amason« sollte der Neue heißen, hatte Volvo bei der Präsentation verkündet. Damit es international verständlicher wurde, änderte man das ganz schnell in »Amazon«. Schließlich wollte man überallhin exportieren können. Bei uns gab es den Namen offiziell aber gar nicht, denn die deutsche Zweiradmarke Kreidler hatte ihn kurz zuvor für eines ihrer Mopeds schützen lassen. Nur auf skandinavischen Straßen fuhren also Amazonen herum, im restlichen Europa mussten es Volvos »Serie 120« sein. Die Assoziation mit den selbstbewussten Kriegerinnen aus der griechischen Antike beißt sich für viele mit Volvos Markenzeichen. Der Kreis mit dem Pfeil nach schräg oben steht heute meist für »männlich« und war ursprünglich das Symbol für den Kriegsgott Mars. Als das Volvo-Logo erfunden wurde (1927), dachten die Macher aber an Schwedenstahl: Der Pfeilkreis ist das alte chemische Symbol für Eisen.

Amazonen zählen zu den beliebtesten Oldtimern. Eiserne Qualität, freundlicherweise kombiniert mit Rostschutz ab Werk, sorgen für ein breites Angebot, auch viele Jahre nach Produktionsende. Fahrspaß ist auch drin, je nach Motor schwimmen die 120er ganz gut im Verkehr mit. Und bequem sind sie: Der englische Rennfahrer Mike Hawthorn testete eine Amazone, offenbar mit Familienbeteiligung. Danach gab er der Federung neun von zehn Punkten: »Nicht zu straff, nicht mal für zerbrechliche Erbtanten!«

__ Gebaut von 1957 bis 1970,
mehr als 660.000 Stück.
Länge: 4,45 Meter,
Gewicht: gut 1.000 Kilogramm,
Schmierdienst (8 Nippel):
alle 5.000 Kilometer.
1958 entsprach der Neupreis
(einschl. Weißwandreifen):
2,6 VW Käfer Standard.

OA 81747

___ Men in Black.
Amazon von Volvo

36_ VW Karmann Ghia Cabrio

Der Typ 14

Ein Auto, so zuverlässig wie ein Käfer, aber halt irgendwie schnittiger … der Traum vieler Autofahrer in Wirtschaftswunder-Deutschland. Volkswagen dachte aber gar nicht daran, ihn wahr werden zu lassen. Es war die Initiative von Wilhelm Karmann junior, die schließlich zum »Dschia« führte, der fast eine halbe Million Mal gebaut wurde und 19 Jahre im Programm blieb.

Der Reihe nach: Die Firma Karmann baute für VW schon kurz nach dem Krieg Käfer-Cabrios. Auf der Suche nach möglichen weiteren Projekten fragte Wilhelm Karmann bei Ghia in Turin an. Vielleicht hatten die Italiener ja ein hübsches Design für ihn? Im Oktober 1953 bekam er in einer Pariser Garage einen Prototyp gezeigt und war sofort begeistert. Das Coupé mit dem kecken Hüftschwung und dem filigranen Dach gefiel ihm. Nun musste er nur noch VW-Chef Nordhoff überzeugen. Das klappte erstaunlich fix, der gestrenge Firmenpatriarch mochte das Design und vor allem Karmanns Finanzkalkulation. Das Auto bekam einen richtigen VW-Namen (»Typ 14«), unter die Haube den Käfermotor und auf die Haube ein kantiges »Karmann« mit dem schwungvollen »Ghia«-Schriftzug. 1955 rollten die ersten Coupés, die Pressevorführung fand im wenig mondänen Georgsmarienhütte statt – der Typ 14 sollte schließlich ein Auto für jedermann sein. Mit seinen 30 PS hätte er auch schlecht mit richtigen Sportwagen konkurrieren können. Bald wurde er deshalb als »Hausfrauenporsche« gemobbt, das war den Besitzer:innen aber egal. Sie hatten ein solides, zuverlässiges und erschwingliches Auto, aber zusätzlich war es eben auch: schnittig! Zwei Jahre nach dem Coupé genehmigte Nordhoff auch die Cabrio-Version. Sie ist auf unserem Bild zu sehen, als 1968er Modell. Die »Export-Stoßstangen« mit der zusätzlichen Stange waren auch in Deutschland als Zubehör erhältlich. So ein Ghia darf ja auch gern ein bisschen international aussehen.

Ach so: Bitte nicht, wie ich oben im Text, »Dschia« sagen. Machen viele, ist aber falsch. Das Italienische fordert für ein geschriebenes »Gh« ein gesprochenes G! »Gia«. Darauf ein Glas Tschianti!

— Gebaut von 1955 bis 1974, ungefähr 440.000 Stück, davon 360.000 Coupés und 80.000 Cabrios. Drei Viertel der Produktion exportiert. Filmauftritt in »Vertigo«! Der Neupreis des Coupés entsprach etwa 1,8 VW Käfer.

37_ Wartburg 311/5 Camping

Panoramablick in die DDR

Schon vor 1900 gab es im thüringischen Eisenach eine Autofabrik. Die Fahrzeuge, die dort produziert wurden, hatten unterschiedliche Namen, einer davon war »Wartburg«, nach der Burg oberhalb der Stadt. Später gab es den »Dixi«. Im Jahr 1928 übernahm der Münchner Motorenhersteller BMW das Werk, um dort bis zum Zweiten Weltkrieg Autos wie den 319 oder den berühmten 328 zu bauen. Nach dem Krieg startete die Produktion relativ flott wieder, zunächst mit Autos und Motorrädern nach den alten BMW-Plänen. Das stieß allerdings in München auf Missfallen, deswegen benannten die Thüringer sich um: 1948 war der erste »EMW« fertig. Das »Eisenacher Motoren Werk« hatte auch das Logo nur ganz leicht verändert: weiß-rot statt weiß-blau. Wieder ein paar Jahre später verstaatlichte die DDR die Firma. Ab jetzt schrieb die Partei vor, was gebaut wurde, und das war der IFA F 9, ein Auto, das dem DKW (siehe Nummer 21) äußerst ähnlich sah.

Jetzt kommen wir endlich zum Wartburg. Der wurde heimlich entwickelt, ohne Wissen der Partei. Die Arbeiterklasse nahm die Sache selbst in die Hand, damit der F 9 abgelöst werden konnte. Im Herbst 1955 musste daher erstens der Betriebsleiter eine Geldstrafe zahlen (wegen Zweckentfremdung volkseigener Ressourcen), und zweitens startete die Produktion des neuen Wagens. Der gefiel dem Zentralkomitee nämlich. Er hatte einen Zweitakt-Motor und eine Nummer in BMW-Tradition: 311. Als richtigen Namen, den man sich leicht merken konnte, wählten die Eisenacher »Wartburg«, das hatte 1898 schon gut geklungen.

Es gab von Anfang an verschiedene Varianten. Zunächst mal eine Limousine, aber unter anderem auch das Cabriolet (zum Foto bitte umblättern) und die Version »Camping«. Dieser Luxuskombi hatte hinten serienmäßig Panoramafenster, es gab ein Faltdach, und man konnte das Fahrzeuginnere zu einem komfortablen Doppelbett zurechtklappen. Im Alltag konnte man den Kombi aber auch mit allem beladen, was man an Material für Haus und Datsche heranzuschaffen hatte. Eine sehr moderne Idee – ein vergleichbares Auto konnte man im nichtsozialistischen Wirtschaftsgebiet lange suchen.

Als 311/312 entstanden zwischen 1956 und 1967 knapp 280.000 Exemplare. 900-ccm-Zweitakter, 37 PS, Spitze: 116 km/h.
In der Schweiz konnte man 1958 einen Wartburg Kombi für das 1,2-fache eines VW Käfer Export kaufen (BRD: damals nicht lieferbar).

WARTBURG
CB 17-45

Wartburg Cabriolet Baujahr 1958
beim Concours d'Élégance

D
DA T 3H

Für Freunde des freihändigen Fahrens: Toller Käfer »Herbie« in Disney-Film-Optik

FILMSTARS UND PROMINENTENAUTOS

53

38 Alfa Spider 1600

Der Duetto

Osso di Seppia ist die italienische Bezeichnung für die Kalkschale der Tintenfische, die man oft an den Stränden findet. Sie bürgerte sich in Italien als inoffizielle Bezeichnung für die frühen Alfa Spider 1600 ein, die genauso flutschig-rundlich geformt waren. Im März 1966 wurde das Auto zum ersten Mal gezeigt, ein Name dafür wurde damals noch gesucht. Alfa Romeo schrieb einen Wettbewerb aus, an dem 140.000 Leute teilnahmen. Auf der Teilnahmekarte stand: »So sieht der neue Alfa Spider aus. Gib ihm einen Namen und werde berühmt!« Ein gewisser Guidobaldo Trionfi aus Brescia schlug »Duetto« vor. Wirklich berühmt wurde er damit nicht, aber er gewann den Hauptpreis: einen nagelneuen weißen Duetto, dessen Schlüssel ihm der Alfa-Präsident höchstpersönlich überreichte. Danach hieß der Spider offiziell … weiterhin »Spider«. Denn die Jury hatte bei der Auswahl des Namens übersehen, dass der Süßigkeitenhersteller Pavesi eine Art weichen Keksriegel im Programm hatte, der »Duetto« hieß. Die Pavesi-Anwälte meldeten sich sofort, und Alfa verzichtete auf den Namen. Deswegen stand in den Prospekten einfach »Spider«, und auf dem Spider stand gar nichts.

Die Alfa-Marketingabteilung hatte auch eine Idee, um das Modell auf dem wichtigen Exportmarkt USA bekannt zu machen: An Deck des nagelneuen Ozeandampfers Raffaello (gab es scheint's damals noch nicht als Süßigkeit) reisten drei Spider mit in die USA. Einer war rot, einer weiß, einer grün. Nachdem das Schiff in Genua gestartet war, hielt es noch mal in Cannes, genau während der Filmfestspiele. Einige Stars kamen an Bord, um die Autos zu besichtigen, andere für die Heimfahrt nach Amerika. Da hatten sie dann jede Menge Zeit, um sich in die süßen Italiener zu verlieben.

Richtig bekannt wurde das kleine Cabrio etwas später mit Hilfe eines Films: In »The Graduate« (deutsche Fassung: »Die Reifeprüfung«) fuhr Dustin Hoffman einen roten Duetto. Der Wagen wird allerdings schlecht behandelt, er ist das Symbol für ein ungeliebtes Geschenk und wird entsprechend vernachlässigt. Den Verkauf der Spider kurbelte der Filmauftritt trotzdem mächtig an.

Gebaut von 1966 bis 1993, mit »Rundheck« bis 1969, 15.500 Exemplare (1,3/1,6/1,7). 1600er: Spitze 185 km/h, 0 auf 100 in 12 Sekunden. 1968 entsprach der Neupreis für einen Alfa Spider 1600: 1,9 VW Käfer 1500 Cabrio.

76096·H

39_ Aston Martin DB5

Das Bond-Auto

Es ist womöglich das bekannteste Auto der Welt, in dem noch kaum jemand saß: Der Aston Martin mit der Modellbezeichnung DB5 wurde berühmt, weil James Bond, englischer Geheimagent Nummer 007, ihn in den Filmen fuhr. Den ersten Auftritt hatte der Aston in »Goldfinger«, später tauchte er – bereits mit Promistatus – in acht weiteren Bondstreifen auf. Zu den Sonderausstattungen, die nicht ab Werk verbaut waren, gehörten ein Ortungssystem, allerhand Schieß- und Nahkampfausrüstung in Stoßstangen und Rädern, ein ausfahrbares Panzerschild hinten und natürlich der Schleudersitz. Für diese Gimmicks war »Q« zuständig, der bei der Materialausgabe stets schon wusste, dass Bond die meisten seiner Erfindungen kaputt machen würde.

Ein bisschen Fahrzeugfaktenwissen: Der DB5 ist ein Viersitzer mit einem Vierliter-Sechszylinder-Motor. DB steht für David Brown, den Firmenbesitzer. Das Design besorgte Touring in Mailand (dazu mehr bei Nummer 59), die dem guten Stück auch ihre Superleggera-Karosserie verpassten. Der Inbegriff britischer GT-Herrlichkeit trägt also einen italienischen Maßanzug.

Den »einen« Bond-Aston gibt es nicht. Mehrere Exemplare wurden für die Filme benutzt, andere auch nur für Promotion-Einsätze. Mysteriös ist die Geschichte des Goldfinger-Originals von 1964 mit der kompletten Q-Ausstattung. Das sei 1997 gestohlen worden, heißt es, und nach 25 Jahren wieder aufgetaucht. Oder doch nicht? Wer weiß. Die Summen, die für ein solch prominentes Auto bezahlt werden, sind hoch genug, dass es sicher Superschurken aller Art in den Fingern juckt.

Meist sind DB5 in Birkensilber lackiert. Aber das war ab Werk nicht der einzige Farbton. Auch hier hat der Bond-Mythos abgefärbt, und so wurden im Lauf der Jahre viele bunte Astons silbergrau, zum Beispiel der Blaue, dessen Erstbesitzer Paul McCartney war. Seit 2019 gibt es die Autos auch wieder neu, Aston Martin baut sie nach. In Birkensilber, ohne Schleudersitz. Für den DB5 gilt tatsächlich, was für James Bond im Film galt: Man lebt nur zweimal.

Gebaut von 1963 bis 1965, etwas mehr als 1.000 Stück. Leistung: über 280 PS, Höchstgeschwindigkeit: 230 km/h, 0 auf 100 in gut 7 Sekunden. 1963 entsprach der Neupreis: 13,3 VW Käfer Standard.

BMT 216A

40 Autobianchi Bianchina

Eden Roc

Die schrägste und turbulenteste Verfolgungsfahrt der 60er Jahre fand im Film »Der rosarote Panther« statt. Wir sind in Italien, in einem Außenbezirk von Rom. Es ist Nacht. Ein älterer Mann schlurft über einen Platz, in dessen Mitte sich ein großer Brunnen erhebt. Auf einmal findet er sich mitten in einer Polizeijagd wieder, an der vier Fahrzeuge beteiligt sind: ein ganz kleines rotes Cabrio mit einem Gorilla am Steuer, ein Ferrari 250 GT, in dem ebenfalls ein Gorilla sitzt, verfolgt von einer dunklen Alfa-Limousine (2000 Berlina) und einem Fiat-Jeep (Modell Campagnola). In dem offenen Jeep sitzt, pausenlos schimpfend, Chefinspektor Clouseau. In einem Ritterkostüm! Unter seinen Augen ist gerade der wertvolle Diamant »Pink Panther« bei einem Kostümfest gestohlen worden. Verdächtig sind die beiden Gorillas, beziehungsweise die Männer, die in den Kostümen stecken. Weil niemand sich so recht auskennt und das Stadtviertel sehr verwinkelt ist, brettern die Fahrzeuge immer wieder über den Platz, bis die wilde Jagd am Ende für alle vier Autos in einer großen Karambolage neben dem Brunnen endet. Hab ich was vergessen? Ach ja, die beiden Polizisten, die in einem Zebrakostüm zu Fuß unterwegs sind und als Letzte angetrabt kommen. 1963 kam der Film mit Peter Sellers und David Niven in die Kinos, er lohnt sich nicht nur wegen den Autos, sondern auch wegen der Musik.

Das kleine Cabriolet mit der einerseits sehr niedlichen, andererseits aber auch eleganten Form ist ein Autobianchi. Diese Marke baute verschiedene Modelle auf Basis des Fiat 500 (siehe Nummer 6). Die »Bianchina« gab es nicht nur als Cabrio (unter dem mondänen Beinamen »Eden Roc«), wie im Film und auf unserem Foto, sondern auch als kleinen Kombi, als Minilimousine und als eine Art Faltdach-Coupé-Version mit Namen Trasformabile.

Das Bianchina-Cabrio war, mit seinem Kühlergrill-Imitat und Amischlitten-Zierstreifen an der Seite, die luxuriöseste Fiat-500-Variante, der Kaufpreis war – und ist – entsprechend. Aber es ist schon eine Schau, darin zu fahren, auch ohne Gorillakostüm.

Gebaut von 1957 bis 1969,
über 250.000,
davon 9.300 als Cabrio.
3 m lang, 535 kg schwer.
Noch ein Film mit Bianchina:
»Wie klaut man eine Million?«
mit Audrey Hepburn.
Heute kostet ein Eden Roc
etwa 2/3 eines gleichaltrigen
VW Käfer Cabrios.

41 1959 Cadillac Miller-Meteor Futura

Das Ectomobile

»Everybody can relax, I found a car!« Mit diesen Worten steigt Ray Stantz (gespielt von Dan Aykroyd) im ersten Ghostbusters-Film von 1984 aus einem reichlich lädierten Cadillac Kombi. Die Ghostbusters haben ihr Einsatzfahrzeug, an dem freilich noch ein paar Kleinigkeiten zu richten sind: »An der Aufhängung muss gebastelt werden, den Stoßdämpfern und Bremsen, die Bremsbeläge, an den Leitungen, am Vergaser, am Getriebe und äh …« – »Wie viel?«, fragt Venkman (Bill Murray) dazwischen. »Nur vier-acht, vielleicht neues Motorblöckchen und der Auspuff und 'n paar Kabel.«

Zu diesem Zeitpunkt ist der Caddy, Modelljahr 1959, dunkelgrau. Bis zum ersten Einsatz der Geisterjäger wird das Ectomobil freilich noch aufgepimpt: weißer Lack mit signalroten Heckflossen, Blaulicht, ein Dachgepäckträger voll mit geheimnisvollem Equipment und das Nummernschild »ECTO 1«. Das Filmauto wurde gestylt von Ausstatter Stephen Dane. Der 59er Cadillac, egal in welcher Karosserieform, ist aber generell eine Ikone wegen der riesigen Heckflossen – den höchsten überhaupt (siehe auch nächste Seite!). Die ultralangen Kombis wurden ganz regulär als »Combination Cars« gebaut, die sowohl als Krankenwagen als auch für Leichentransporte eingesetzt werden konnten. Eigentlich musste sich der Fahrer nur kurz umziehen. Klingt makaber, war aber in den USA damals durchaus üblich. Miller-Meteor hieß die Firma, die diese Sechs-Meter-70-Schiffe auf Cadillac-Basis produzierte. Zum Einsatz kam dabei ein extralanges Fahrgestell (»Commercial Chassis«), das von Cadillac komplett mit Motor, Windschutzscheibe und Flossen-Kotflügeln geliefert wurde.

Ein originalgetreuer Ecto-1 fährt in Deutschland herum: unser Fotomodell. Es ist nicht der von den Dreharbeiten, aber dafür liegen auch keine nicht-lizenzierten Nuklear-Beschleuniger im Kofferraum. Er gehört auch keinen Geisterjägern, sondern Alex, der einfach gern alte Autos um sich hat. Alex vermietet den Caddi – einen echten Miller-Meteor – als Dekoration oder auch, falls jemand ein Geisterproblem hat. In diesem Fall bitte an den Sicherheitshinweis denken: Die Strahlen nicht kreuzen!

Cadillac-Modelljahr 1959:
größte Flossen ever,
aber nur 70.000 verkauft.
GM-Designchef: Bill Mitchell.
Leistung: 325 PS,
Hubraum: 6,4 Liter.
1984 als Gebrauchtwagen
»nur vier-acht«, das entsprach
1,2 neuen VW Käfer 1200.

1959 Cadillac Series 62
Convertible

42_ Citroën Méhari

Die Strandente

Louis de Funès kann man lustig finden oder nicht. Fest steht, dass man als Fan französischer Oldtimer eine Menge Spaß an seinen Filmen haben kann. Allein schon die Citroën DS in allen Variationen! In de Funès' allerletztem Streifen fährt er, als Gendarm von Saint-Tropez, einen Citroën Méhari.

Was ist das für ein Auto? Nun, zunächst mal eigentlich weniger ein Polizeiauto. Citroën wandte sich eher an Fischer, die ihren tropfenden Fang ins Kühlhaus fahren wollten, oder an Bauern mit Gemüsekisten. Schnell wurden die pflegeleichten Autos aber auch von der Freizeitgesellschaft entdeckt. In Deutschland sind Méharis superselten, in französischen Strandorten dagegen sieht man sie heute noch regelmäßig die Promenaden entlanghoppeln. Fahrgestell und Motor sind von der Ente, eine Wanne aus Kunststoff bietet Platz für Mensch und Material.

Interessant: Nicht die Citroën-Kreativabteilung hatte die Idee für den Méhari, sondern ein Außenstehender: Graf Roland Paulze d'Ivoy de la Poype, in den 1960er Jahren Chef einer Plastikfabrik. Sein bekanntestes Produkt war bis dahin eine kleine Shampoo-Verpackung für l'Oreal gewesen (»Berlingot DOP«, Design von Vasarely). 1967 schnappte der Graf sich einen Designer und einen Ingenieur, und gemeinsam überlegten die drei sich, wie man ein Plastik-Auto realisieren könnte. Als Kunststoff wählten sie Acrylnitril-Butadien-Styrol, kurz: ABS. Für den 2CV-Motor entschieden sie sich, weil gerade eine kaputte Kasten-Ente auf dem Hof stand, deren Karosserie man abmontieren konnte. Der Plan war, das Ding als Kit zu verkaufen. Es gab auch schon einen Namen: »Donkey«, englisch für »Esel«. Als der Prototyp fertig war, fragte de la Poype bei Citroën an, ob man Solo-Fahrgestelle bekommen könnte – aber der Konzern wollte lieber das ganze Auto selbst verkaufen.

Aus dem Esel wurde ein Dromedar. »Méhari« nennt man die nordafrikanischen Rennkamele, und bei der Vorstellung im Mai 1968 auf einem Golfplatz in Deauville war der Graf gar nicht dabei, so stolz war Citroën auf »sein« neues Modell. De la Poype war trotzdem zufrieden, seine Firma fertigte nämlich die ABS-Aufbauten an.

__ Gebaut von 1968 bis 1988, fast 150.000 Exemplare. Gewicht: 555 kg, Höchstgeschwindigkeit: 100 km/h. Insassen: »meist bärtige Oppositionelle und Mädchen mit tellergroßen Sonnenbrillen« (Quelle: ams 22/1969). Kein Neukauf in Deutschland, da keine Betriebserlaubnis.

GL
CI 70H

43__Daimler DK 400

Das goldene Zebra

Lady Norah Docker hatte einen Beruf, den es eigentlich erst Jahrzehnte später gab: Promi. Ganz ohne Trash-TV oder Instagram-Follower schaffte Lady Norah es im Alleingang, immer wieder für Aufsehen zu sorgen. Und das im England der 50er Jahre. Sie kam aus bescheidenen Verhältnissen und musste schon früh für sich selbst sorgen. Im Londoner Nachtclub »Café de Paris« verdiente sie ihr Geld als Tänzerin. Erklärtes Ziel war eine Ehe mit einem reichen Mann aus der Oberschicht. Das schaffte sie – sogar dreimal. Die ersten beiden Gatten starben allerdings jeweils nach relativ kurzer Zeit, sie waren auch schon etwas älter gewesen. Die dritte Ehe hielt länger, und in dieser Zeit entstand auch das Auto, um das es geht.

Sir Bernard Docker, ihr dritter Ehemann, war Vorstand beim britischen Autohersteller Daimler. An sich gehörten Daimler-Kunden eher zur konservativen Sorte, dementsprechend waren das Auftreten der Firma und das Design der Autos. Lady Norah fand das allerdings zu langweilig. Sie setzte durch, dass ab 1951 jedes Jahr ein Showcar nach ihren Vorgaben gebaut wurde. Mit denen fuhr sie dann herum. Gleich das Erste glitzerte über und über und hatte 7.000 handgemalte Sterne auf dem Lack. 1955 entstand »Golden Zebra«. Alles, was sonst verchromt gewesen wäre, war hier vergoldet, dazu kam ein Armaturenbrett aus Elfenbein, die Polster waren mit Zebrafell bezogen. Warum ausgerechnet Zebra, fragen Sie? Das wurde die Docker auch gefragt. Ihre Antwort: »Na, weil Nerz viel zu warm ist, um darauf zu sitzen.« Die Docker Daimlers waren extrem teuer in der Herstellung, dazu kam, dass Lady Norah immense Rechnungen für Kleidung, Reisen und sonstige Spesen bei der Firmenbuchhaltung einreichte. Nach dem Golden Zebra warf Daimler Sir Bernard deshalb raus, ab da lebten die Dockers notgedrungen deutlich bescheidener.

Gefunden habe ich den letzten Daimler der ersten Influencerin in Den Haag. Dort sammelte die Familie Louwman seit 1934 Fahrzeuge. Das Museum, das daraus entstanden ist, ist ein Must-see für Freunde abgefahrener Autos.

__ Gebaut 1955, restauriert ums Jahr 2000, dabei wurde das Elfenbein durch passendes Holz ersetzt. Chassis No. 92705. 4,6-l-Sechszylinder, Leistung: 169 PS. Neupreis: 1 Rausschmiss, nicht in Käfer umrechenbar.

44__ Ferrari 250 GTE Pininfarina

2+2 = Viersitzer

Im Juni 1960 fuhr beim Rennen von Le Mans ein Ferrari ohne Startnummer vor dem gesamten Feld her. Als »Pace Car« diente an diesem Tag nämlich der Prototyp eines neuen, viersitzigen Modells. Vier Ledersitze – ein Rennwagen war das nicht. Aber eine ganz normale Familien-Limousine sicher auch nicht: Immerhin wurde das Ding genauso von einem potenten Zwölfzylinder angetrieben wie die Renn-Ferraris. Nach dieser spektakulären Premiere lief auch der Verkauf gut: Fast 1.000 der großen Luxussportler, meist »GTE« genannt, wurden gebaut.

Der berühmteste GTE trug das Nummernschild »Polizia 29444«, er war der Dienstwagen von Armando Spatafora. Dieser Beamte hatte, frustriert von vergeblichen Verfolgungsjagden in zu langsamen Polizei-Alfas, seinen Chef um einen Ferrari gebeten – und ihn tatsächlich bekommen! Gemeinsam mit drei Kollegen wurde er zunächst von Rom aus nach Maranello zum Fahrtraining geschickt. Die vier Männer knatterten also in Spataforas privatem Fiat 500 dorthin. Zwei GTE standen da, schwarz lackiert, Blaulicht auf dem Dach. Nach den Testfahrten war allerdings nur noch einer übrig, den zweiten hatte einer der Polizisten zu Schrott gefahren. Spatafora wurde mit dem schwarzen Ferrari zum bekanntesten Polizisten Roms und gleichzeitig zu einer sportlichen Herausforderung für die Unterwelt. Er war nicht zimperlich mit dem GTE. Einmal verfolgte er einen Alfa Romeo, in dem ein Dieb saß, sogar die berühmte Spanische Treppe hinunter! Die Szene wurde im Spielfilm »Poliziotto Sprint« 1977 aufgegriffen, in dem der Ferrari eine Hauptrolle spielt. Triggerwarnung: In dem Streifen crashen ein Dutzend Giulias und mehrere Citroën DS – für Oldtimerliebhaber mit schwachen Nerven ist der nichts!

Wenn man heute im 2+2 an der Ampel steht, dreht sich übrigens kaum jemand nach dem Auto um. Karosseriebauer Pininfarina hat das Kunststück geschafft, eine zeitlose Schönheit zu entwerfen, die gleichzeitig maximal unauffällig ist. Außer das Blaulicht ist an.

__ Zwischen 1960 und 1963 954 Exemplare hergestellt. 3-Liter-Zwölfzylinder, 237 PS, Gewicht: 1.280 Kilogramm, 4,70 m lang, 1,34 m hoch. Warum 250? Das ist der Hubraum eines einzelnen Zylinders. 1962 entsprach der Neupreis: 10,1 VW Käfer Standard.

Pininfarina-Fähnchen und Cavallino auf der Kofferraumhaube des 250 Granturismo

Ferrari

45_ Ford Mustang

Fastback

Steve McQueen sitzt in einem dunkelgrünen Ford Mustang und überholt viermal denselben VW Käfer – eine der berühmtesten Autoszenen der Filmgeschichte. Sie stammt aus dem Film »Bullitt«, gedreht 1968. Natürlich ist das dauernde Käfer-Überholen ein Regiefehler. Die eigentliche Handlung ist eine Verfolgungsjagd. Und zwar »die« Verfolgungsjagd! Lieutenant Frank Bullitt (McQueen) ist ein Polizist, auf den zwei Profikiller angesetzt sind. Die sitzen in einem Dodge Charger und blicken finster. Eigentlich wollen sie Bullitt auflauern, sind dann aber plötzlich selbst die Verfolgten. Ausgetrickst! Als sie das merken, schnallen sie sich an – eine Vorsichtsmaßnahme, die ihnen später nicht viel nützt, denn Profikiller sterben in Hollywoodfilmen nun mal, das lernt man spätestens auf der Drehbuchschule. Jedenfalls heizen die beiden Autos nun zunächst halsbrecherisch durch San Francisco (wobei immer wieder der Käfer ins Bild gerät). Der Dodge schwankt heftig durch die Kurven und verliert ständig Radkappen. Übrigens lohnt es sich auch, bei den Radkappen mitzuzählen, denn es gehen insgesamt weit mehr als vier Stück fliegen, und verblüffenderweise sind im nächsten Umschnitt immer wieder alle dran. Dann geht es raus aufs Land, und jetzt wird auch geschossen. Von Profikillern erwartet man das ja auch. Natürlich wird der Held nicht getroffen, sondern nur sein Mustang. Aber der galoppiert selbstverständlich kraftvoll weiter, und ein elegantes Rammmanöver später fliegt das Killerauto seiner Explosion entgegen. Der Charger ist hin, der Mustang überlebt, und mit ihm Bullitt.

Unser Foto zeigt nicht das Filmauto – das sieht nicht mehr so schön aus: Der ramponierte Fastback wurde nach Drehschluss von der Filmfirma billig verkauft und dann jahrelang gefahren. Im Januar 2020 stand er wieder zum Verkauf. Der Wertzuwachs war ganz gut: 3,4 Millionen Dollar kostete der Bullitt-Ford nun, trotz diverser Beulen, fleckigem Lack und verschlissener Innenausstattung. Wilde Jagden wird das teure Stück wohl keine mehr machen müssen. Na ja, für einen VW Käfer reicht's vielleicht noch!

— Gebaut in dieser Form von Summer '66 bis Summer '68, 800.000 Exemplare, davon 113.000 Fastbacks. 4,7- oder 6,4-l-V8-Motor mit bis zu 280 PS. Käfer-Umrechnung entfällt, damit wir nicht ständig an den Regiefehler erinnern.

GL FM 59H
BFGoodrich
Radial T/A

46__ Hindustan Ambassador

Indiens Taxi

In jedem Bollywoodfilm und auf jedem Straßenfoto aus Indien sieht man garantiert irgendwo im Hintergrund solch ein Auto. Es heißt »Ambassador« und dürfte zu den am längsten gebauten Modellen der Autogeschichte zählen. Produziert wurden die altertümlich aussehenden Gefährte ab den 1950er Jahren bis 2014!

Los ging's in Indien im Jahr 1958. Da rollten die ersten Ambys vom Band, und sie sahen genau aus wie ein englischer Morris Oxford Series III (den es vorher schon gab). Man hatte im westbengalischen Uttarpara aber keine Produktfälschung betrieben, sondern einfach die Lizenz übernommen, zusammen mit allen Werkzeugen und Formpressen. Seitdem änderten sich am Amby nur noch Kleinigkeiten. Von knapp 50 PS in der Urversion steigerte sich die Motorleistung im Lauf der Jahre auf 75 PS, irgendwann gab es auch einen Diesel. Das war's eigentlich. Seinen Erfolg verdankte er der Tatsache, dass er erstens sehr bequem war – wichtig in einem Land mit eher löchrigen Straßen – und zweitens sehr stabil. Auf die Sitzbänke der »Grand Old Lady of Indian Roads« passen locker sechs Personen. Ans Lenkrad gehört traditionell ein Profi: entweder ein Taxifahrer oder ein Chauffeur. Firmenchefs ließen sich im Ambassador (deutsche Übersetzung: »Botschafter«) genauso kutschieren wie hohe Beamte und Politiker. Erst Anfang des neuen Jahrtausends wagte es Atal Bihari Vajpayee als erster Premierminister, mit der Tradition zu brechen. Er ließ sich stattdessen in einem gepanzerten 7er BMW fahren.

Ins Ausland gelangten nur wenige der stolzen Viertürer. Das erste in Indien gebaute Auto hatte ja zunächst mal einen gigantischen Markt zu bedienen. Deswegen hat kaum ein Oldiefan, der noch nicht in Indien war, je in einem Amby gesessen. Aber auch dort werden die lebenden Fossilien inzwischen mehr und mehr aus dem Alltag verdrängt. Allerdings hat sich eine Liebhaberszene entwickelt, und altgediente Ambassadors werden sogar restauriert. Für das Foto geht ein Dank an die Firma »Auto-Stärke« aus dem indischen Bundesstaat Kerala: ein frisch lackierter Amby der allerersten Serie, bereit für die nächsten 50 Jahre. Oder für Bollywood.

__ Gebaut von 1958 bis 2014, fast 1 Million Exemplare. Vierzylinder mit 1,5 l Hubraum und mind. 46,5 PS Leistung, Gewicht: über 1.100 Kilo. Ambassador-Joke: »Das Einzige, was beim Amby keine Geräusche macht, ist die Hupe.«

KLQ 2137

47 Lancia Aurelia B24 Spider

Überhol!

Vincenzo Lancia hatte keine Lust, seine Autos mit irgendwelchen Zahlen zu beschriften, wie all die anderen Hersteller. Die Fahrzeuge, die seine Fabbrica ab 1908 verließen, hießen deshalb nach griechischen Buchstaben. Alfa, Beta, Gamma und so weiter. Da Lancia sehr produktiv war, gingen aber irgendwann die Buchstaben aus. Daher wechselte man in den 1930er Jahren zu antiken römischen Städten, 1950 begann die Lancia-Ära der Straßennamen. Die Via Aurelia war seit der Antike eine wichtige Verkehrsachse zwischen Rom und Pisa, das passte doch. Später gab es auch Modelle namens Appia und Flaminia. (In Deutschland würde so etwas nicht gut klingen: »BMW Schwarzwaldhochstraße«? Oder »Audi A6« … äh, Moment, bin ich da auf etwas gestoßen?)

Jedenfalls: die Aurelia. Als Limousine zur Welt gekommen, bald um eine Cabrio-Schwester ergänzt. Sie ist für viele eines der begehrenswertesten Autos überhaupt. In der ersten Fassung von 1955 hatte der »Spider« eine herumgezogene Windschutzscheibe, wie bei den Riva-Motorbooten. Seitlich gab es Steckscheiben statt Kurbelfenster, das ist zwar unpraktisch, aber auch ziemlich cool. Wie man so ein Geschoss besser nicht fährt, kann man im Film »Il sorpasso« von 1962 sehen – auf Deutsch unter dem albernen Titel »Verliebt in scharfe Kurven«. Da spielt der Spider eine Hauptrolle, die ihm allerdings nicht gut bekommt.

Bei den späteren Modellen, bis 1958, konnte man die Fenster runterkurbeln und die Frontscheibe hatte weniger Panorama. Eines davon sieht man rechts, insgesamt gab es gut 750 offene Aurelias. Heute sind sie sehr selten, das hat wohl auch mit einem Schiffsunglück zu tun: Am 26. Juli 1956 stieß der Passagierdampfer Andrea Doria, von Genua kommend, kurz vor dem Zielhafen New York mit einem anderen Schiff zusammen. An Bord waren 1.700 Menschen, im Laderaum sollen 50 Aurelia Spider gestanden haben. 46 Personen starben bei der Kollision, das Schiff sank, von den Autos fehlt seither jede Spur. Viele Taucher haben nach ihnen gesucht, einige sind dabei ums Leben gekommen. Wer's trotzdem versuchen will: Die Koordinaten sind – circa – 40°30' Nord, -69°50' West.

Gebaut von 1955 bis 1958 in zwei Baureihen, 761-mal. V6, 2,5 Liter, 118 PS, 2 Türen, 2 Sitze, 180 km/h. 1957 entsprach der Neupreis: 5,3 VW Käfer Standard.

D
GL DB57H

Als Oldtimer sehr begehrt:
Mercedes 190 SL

48__Mercedes 190 SL

Das Nitribitt-Auto

Der »kleine SL« schaffte als Höchstgeschwindigkeit gerade mal 175. Aber er sah dem stärkeren Bruder, dem 300 SL, ähnlich genug, dass die Leute ihm mehr zutrauten. Und im Absatzmarkt Nummer eins, den USA, war sowieso Speed Limit. Die meisten 190 SL gingen in den Export, nur ein Fünftel blieb in Deutschland.

Auch das berühmteste Exemplar (Fahrgestellnummer 121 040-65) wurde nur zum Cruisen benutzt, allerdings in Frankfurt am Main. Im Frühjahr 1956 erschien die stadtbekannte »Edelprostituierte« Rosemarie Nitribitt in der Mercedes-Niederlassung und blätterte den stolzen Kaufpreis für einen 190 SL in bar aus der Handtasche auf den Tisch. Zur Grundausstattung orderte Nitribitt, die dank ihrer Spezialisierung auf Geschäftsmänner und Superreiche ungefähr das Fünffache eines normalen Angestellten verdiente, noch Weißwandreifen und das Becker Mexico Radio. Rotes Leder zum schwarzen Lack machte den Blickfang komplett. Damit fuhr sie nun durch die Stadt, die Musik extralaut, und kam vor dem Frankfurter Hof und anderen teuren Hotels mit Kunden ins Gespräch. Bis zu Nitribitts Ermordung anderthalb Jahre später gondelte der SL so etwa 40.000 Kilometer durch Frankfurt. 2004 erzählte Modeschöpfer Karl Lagerfeld in einer Talkshow, er sei später Besitzer des Nitribitt-SL gewesen und damit gegen einen Baum geknallt. Ob's stimmt? 1970 erschien in einer Autozeitschrift eine Anzeige, in der der SL angeboten wurde. Danach verliert sich die Spur von 040-65. Genauso mysteriös bleibt bis heute, wer seine prominente Besitzerin ermordet hat.

Noch eine andere Art der Kriminalität verbindet sich mit dem 190 SL: Autodiebstahl. Die 190er gehören zu den meistgeklauten Oldtimern. Sie sind leider teuer genug, sodass sich das Risiko lohnt, und zugleich häufig genug, dass die Diebe sie auch wieder losbekommen, ganz oder zerlegt. Superseltene, millionenteure Oldtimer sind paradoxerweise eher vor geplantem Diebstahl sicher, denn sie sind kaum zu verkaufen. Es ist halt wie beim Menschen: Beliebtheit und gutes Aussehen bringen eigene Probleme mit sich.

___ Gebaut von 1955 bis 1963, fast 26.000 Exemplare. 1.900 ccm, Vierzylinder, Leistung: 105 PS. Nur 5.000 Mercedes 190 SL wurden im Inland verkauft. 1960 entsprach der Neupreis: 2,75 VW Käfer Cabrio.

H70-6425

49__MGA

95 Prozent exportiert

Der erfolgreichste Film von Elvis Presley heißt »Blue Hawaii«. Gleich die erste Szene zeigt einen roten MGA, der von seiner Fahrerin recht flott bewegt und nach kurzer Verfolgungsjagd von einem Motorradpolizisten gestoppt wird. Aber die junge Frau am Steuer hat es eilig, sie muss nämlich ihren Freund (gespielt von Elvis) nach zwei Jahren Militärdienst am Flughafen abholen. Sie erklärt das dem Polizisten, der sie daraufhin mit Blaulicht dorthin eskortiert. Der Rest des Films ist nicht sehr spannend, sämtliche auftretenden Probleme lassen sich mit Hilfe einer Ukulele und einer Elvis-Schnulze lösen. Gut, dass man als Oldtimerfan nur die ersten zwei Minuten gucken muss!

Dass unsere MGA-Story nicht in England beginnt, obwohl der Wagen dort herkommt, ist kein Zufall. Für die Briten mit ihren nach dem Krieg leeren Geldbeuteln und dem feuchten Klima war der Roadster gar nicht gedacht. Die Idee war von Anfang an, einen Exportschlager zu bauen. Guter Plan, doch wie fängt man das an? Die Marke MG (»Morris Garages«) gehörte 1952, genau wie Austin, zur British Motor Corporation. Deren Chef wollte unbedingt einen kleinen Sportwagen im Programm haben. Das klang doch schon mal gut. Leider verliebte er sich auf der Londoner Automesse 1952 in den Prototyp, den Donald Healey dort zeigte (siehe Nummer 104), und unterschrieb am selben Abend den Austin-Healey-Deal. Dieser kleine neue Sportler war also kein MG, aber die Leute bei Morris gaben nicht auf und entwickelten selbst auch ein Auto. 1955 war es fertig. Das A in MGA sollte einen kompletten Neuanfang symbolisieren (die Buchstaben gingen allerdings später bei C schon wieder aus, 1980 endete die Selbständigkeit der Marke).

Der MGA lief gut. Von gut 100.000 gebauten Autos wurden 95.000 ins Ausland verkauft. Der Plan mit dem Exportschlager war also aufgegangen. Auch die Beliebtheit des A als Oldtimer hat mit dieser Tatsache zu tun, denn bei den meisten Exportmodellen war das Lenkrad natürlich links. Und so sehr viele Fans in aller Welt ihre englischen Autos lieben – auf der richtigen Seite zu sitzen, macht mehr Lust, das Ding auch zu fahren.

Gebaut von 1955 bis 1962, etwa 100.000 Stück. 1.500 ccm, Vierzylinder, 72 PS, Höchstgeschwindigkeit: 150 km/h, 0 auf 100 in 16 Sekunden. 1959 entsprach der Neupreis: 1,6 VW Käfer Cabrio.

Wer A mag, wird auch B gut finden: 1966er MGB

50 Opel Kapitän P 2,6

Das Auto vom Boss

Den ersten Kapitän brachte Opel 1937 auf die Straße, optisch schwer, orientiert an dicken Vorbildern in den USA. Nach dem Krieg kamen die Pontonmodelle: weniger »Fels in der Brandung«, alles wirkte etwas leichter, die Kotflügel mit den Lampen waren integriert. Das Design blieb weiterhin modisch-amerikanisch, deswegen hatten die Kapitän-Steuermänner ab 1958 auf dem Fahrersitz Rundumblick: Die Panoramascheibe zog ein. Leider dachte man beim Styling zu wenig an die Passagiere auf den Rücksitzen. Die hatten viel weniger Platz, und enge Türen noch dazu. Dort saßen aber die Entscheider, denn der Kapitän war zu dieser Zeit durchaus auch Chauffeur-Auto. »Schlüsselloch-Kapitän« wird das Modell genannt – es floppte ziemlich. Danach gab es das Design, das wir im Bild sehen, gebaut von 1959 bis 1963. Da konnten sich die Herren Generaldirektoren wieder richtig ausstrecken. Das spürte man sofort im Verkauf: Opel lag – zum letzten Mal – in der teuren Klasse weit vor Mercedes. Nach 1963 wurde die Opel-Oberklasse aufgespalten: Admiral und Diplomat kamen mit besserer Ausstattung dazu. 1970 ging der Kapitän von Bord.

Ein berühmter Käpt'n-Chauffeur war Helmut Rahn, der Mann, der aus dem Hintergrund schießen müsste, wie der Reporter 1954 forderte. Wir erinnern uns: Rahn schoss! Tor, Tor, Tooor für Deutschland! 3:2. Aber als Fußballweltmeister konnte man sich damals nicht automatisch ein großes Auto leisten. Bundesligaspieler mussten sehen, wie sie über die Runden kamen. Rahn, in Essen geboren und immer dort geblieben, spielte für Rot-Weiss. Georg Melches, Chef einer Kokereifabrik und Vereinsmäzen, griff dem talentierten Kicker unter die Arme: Er stellte ihn als Fahrer an, den Dienst-Kapitän durfte Rahn auch privat benutzen. »Meist privat benutzen« sollte man eher sagen, denn in Wirklichkeit musste der WM-Held seinen Chef kaum einmal fahren. Nur wenn der Lust hatte, sich ein paar Fußballgeschichten aus erster Hand erzählen zu lassen, forderte er seinen Chauffeur an. Opel Kapitän – eine ganz schön deutsche Autogeschichte, dafür, dass er immer so amerikanisch aussah.

Gebaut als Kapitän P 2,6: fast 150.000 Exemplare von 1959 bis 1963. Reihen-Sechszylinder, 2,6 Liter Hubraum, 90 PS, 4,83 m lang, 1,51 m hoch, Testverbrauch: 12,2 Liter. Einfahrzeit: keine (laut Opel). 1959 entsprach der Neupreis: 2,6 VW Käfer Standard.

DEVK

51 Peugeot 403

Als Cabrio berühmt

Inspektor Columbo vom Morddezernat der Polizei Los Angeles ist ein hochintelligenter, gründlich ermittelnder Kriminalbeamter. Bloß, wenn man ihn das erste Mal erlebt, glaubt man das nicht. Denn der von Peter Falk gespielte Police-Lieutenant wirkt gern begriffsstutzig und chaotisch. 1968 lief der erste Film der Serie. Gemeinsam mit Columbo wurde sein Auto weltberühmt, ein heruntergekommener Peugeot 403 mit verschlissenem Stoffdach. Das Filmfahrzeug wurde von Peter Falk selbst ausgewählt. Es sollte, ähnlich wie sein zerknitterter Mantel, zu dem stets etwas ramponiert daherkommenden Inspektor passen. Eine Legende besagt, dass Falk das Cabrio auf dem Parkplatz des Filmstudios entdeckte und daraufhin kein anderes Auto mehr wollte. In der Serie wird der 403 nicht gut behandelt. Columbo ist ein unkonzentrierter Fahrer, der einmal gleich mit zwei Polizeiautos kollidiert, weil er – rauchend – versucht, seinen abgefallenen Innenspiegel wieder zu befestigen, während er auch noch Polizeifunk hört. Als im Funk »Pass auf!« gerufen wird, schaut er nach vorn – zu spät.

Der 403 war für Peugeot das erste Modell, von dem über eine Million Exemplare produziert wurden. Spektakulär war er nicht gerade, zumal im Vergleich mit dem im selben Jahr vorgestellten Citroën DS. Der Unterbau und einiges an Technik stammten vom Vorgänger 203, aber er war günstig, und nach ein paar Jahren gab es sogar einen Dieselmotor. Solide war er sowieso, das unterstrich Peugeot, indem man mit einigen 403 sehr erfolgreich an Rallys teilnahm. Heute: Alles in allem ein prima Oldtimer für relativ wenig Geld, wenn man nicht gerade eine Spezialausführung als Weinbauern-Kombi oder Cabrio sucht.

Apropos Cabrio: Columbos 403 gibt es noch. Nach der ersten Staffel wurde er verkauft und landete bei einem Sammler. Jahre später sollte es ein Revival der Serie geben, und das Filmstudio suchte verzweifelt nach dem Peugeot. Schließlich bekam der Besitzer das mit und meldete sich. Er weigerte sich allerdings, den 403 zu verkaufen. Das Studio bekam ihn als Leihgabe – und behielt ihn für viele Jahre, bevor schließlich die letzte Columbo-Klappe fiel.

Gebaut von 1955 bis 1967, 1,2 Millionen, darunter nur 2.000 Cabrios, außerdem gab's Pick-up, Kombi, Coupé. Vierzylinder, Viertakt, 1.500 ccm, 54 PS, Spitze 133 km/h. Noch ein Film: »Der Mörder kam um Mitternacht« (1959). 1960 entsprach der Neupreis: 2 VW Käfer Standard.

403
K L 403 H

52__Plymouth Fury

Christine

Christine hat einen etwas … schwierigen Charakter. Sie tötet auch für Kleinigkeiten und ist sehr leicht reizbar: Einmal auf den Sitz aschen – Stirb! Ihre erste Leiche produziert sie bereits auf dem Fließband, auf dem sie hergestellt wird. Glücklicherweise ist sie nur eine Erfindung. Stephen King schrieb das Buch über einen rot-weißen 58er Plymouth Fury namens »Christine«, den ein junger Mann restauriert. Ein Killerauto mit eigenem Willen, wie er merken wird. 1983 erschien das Buch – und kurz darauf auch schon der Film unter der Regie von John Carpenter. Weil in Kings Buchvorlage von einem Fury die Rede war, musste das Filmteam auch Furys beschaffen. Und zwar einige. Mehr als ein Dutzend Autos wurden beim Dreh in Schrott verwandelt, denn im Unterschied zu Christine bauen sich echte Plymouths nicht selbst wieder zusammen. Für Oldtimerfans war diese Verschrottungsorgie in den 80er Jahren bereits recht schmerzhaft. Die Autos wurden aber – als »Fury« und etwas günstiger als »Belvedere« – in so großer Stückzahl gebaut, dass trotz notorischer Rostanfälligkeit für Sammler noch ein paar übrig blieben.

Das Plymouth-Design stammte von Virgil Exner, dem Chrysler-Chefstylisten, der seinerzeit ein echter Star war. Die US-Autofirmen überarbeiteten damals alle paar Jahre ihre Autos grundlegend. »Hundred Million Dollar Look« hatte Exners Linie von 1955 geheißen (denn Chrysler hatte 100 Millionen ins Neu-Styling seiner Produktpalette gesteckt). Jetzt, 1958, war der »Forward Look« mit nach vorn geneigter Front und kräftigen Heckflossen angesagt. Nicht kleckern, sondern klotzen wollte man wohl auch mit der Modell-Benennung. »Fury« bedeutet »Wut, Raserei«. Heute würden Autonamen-Agenturen wohl von so aggressiven Namen für eine Limousine abraten, aber er passt natürlich prima zu einem automobilen Menschenfresser … pardon: einer Menschenfresserin.

Ein Thema des Films ist übrigens Christines Musikgeschmack. Sie schaltet in ihrem Autoradio selbst immer etwas 50er-Gedudel ein, wenn sie Mordlust verspürt. Der letzte Satz des Films lautet: »God, I hate Rock 'n' Roll!« – und wer da zustimmt, hält sich von lebendigen Furys besser fern.

__ Im Modelljahr 1958 entstanden 5.300 Furys. V8-Motor mit 5,2 oder 5,7 l, Dreigangschaltung, Trommelbremsen rundum, Reifenformat 8 x 14, 5,23 m lang, 1,36 m hoch. 1958 entsprach der Neupreis: 3,3 VW Käfer Standard.

CALIFORNIA
CQB 241

53__ Volvo P 1800 S

The Saint

Roger Moore war Simon Templar – und der Volvo sein Auto. In der Fernsehserie wie in echt. Sir Roger höchstpersönlich ist als erster Halter dieses P 1800 S eingetragen. Er passte wunderbar in den eleganten Wagen, einen der aufregendsten Volvos überhaupt. Das Design kam nicht aus Schweden, sondern – natürlich – aus Italien, aus dem Hause Frua. Aber es gibt einen netten schwedischen Twist: Bei Frua angestellt war zu jener Zeit ein gewisser Pelle Petterson, Sohn eines einflussreichen Volvo-Beraters. Pelle war Industriedesigner und kam frisch von der Hochschule. Als er mitbekam, dass das Designbüro Entwürfe für Volvo ausarbeiten sollte, setzte er sich sofort ans Zeichenbrett. In Göteborg wurden 1957 vier Vorschläge präsentiert, einer war der von Petterson junior. Das wusste die Volvo-Chefetage aber nicht, als sie sich für genau diesen Entwurf entschied. Vetternwirtschaft ist in Schweden (im Anti-Korruptionsindex immer auf den vorderen Plätzen) äußerst verpönt. Volvo-Präsident Gunnar Engellau tobte, als später herauskam, wer hinter dem Design steckte, aber es war nun mal genau das, was man sich vorgestellt hatte. Also begann man, den P 1800 zu bauen, verschwieg aber lange, wer die Linie gezeichnet hatte, die allen so gefiel. Pelle wurde trotzdem berühmt: Er gewann 1964 und 1972 Medaillen als Segler bei den Olympischen Spielen.

Als 1961 die Produktion des P 1800 begann, hatte er schon einigen Stress bereitet. Volvo fand nämlich keine Fabrik, die ihn bauen wollte. Zunächst war Pelle mit einem Prototyp zu Karmann nach Osnabrück gefahren, aber deren Hauptkunde VW legte ein Veto ein. Man landete dann bei Jensen in Schottland, aber die Qualität war schlecht. Ab 1963 wurde in Schweden produziert, das angehängte S (für Sverige) weist darauf hin.

Noch eine Story, die Sie bei einem Sportcoupé sicher nicht erwarten: Ein Amerikaner namens Irv Gordon kaufte 1966 einen roten P 1800 S und fuhr bis zu seinem Tod im Jahr 2018 mehr als 5,2 Millionen Kilometer damit. Der fünfstellige Tacho zählt in Meilen, Gordon nullte die Anzeige 32-mal – Weltrekord!

__ Gebaut von 1961 bis 1972, knapp 40.000 Exemplare. 1.800 ccm, 90 PS, 1.100 kg, 0 auf 100 in 16 Sekunden, Höchstgeschwindigkeit: 162 km/h. 1962 entsprach der Neupreis: 4 VW Käfer Standard.

ST 1

Roger Moore als Simon Templar
in der Serie »The Saint«

Ein Kapitel über
Handwerker und
Künstler

KONSTRUKTEURE UND DESIGNER

Superleggera

54 Abarth 205 Vignale Berlinetta

Einer von dreien

Der Skorpion ist das Zeichen der Marke Abarth – bis heute. Wie bei Lamborghini hat das etwas mit dem Sternzeichen des Firmengründers zu tun. Karl Abarth kommt 1908 in Wien zur Welt, schon im Grundschulalter wird er zum Bastler und Tuner, um Seifenkistenrennen zu gewinnen. Damit ist der Weg eingeschlagen, den er nicht mehr verlassen wird. Karl wird Rennfahrer, erst auf Motorrädern, dann mit Seitenwagen. Wieder begnügt er sich nicht mit dem Material, das er bekommt, sondern erfindet Verbesserungen. Sein spektakulärster Sieg: Auf der 1.300 Kilometer langen Strecke Wien–Ostende ist er schneller als der Orient-Express. 1939 ist damit Schluss, nach einem schweren Unfall. In diesem Jahr nimmt er, zusammen mit der italienischen Staatsbürgerschaft, den Vornamen Carlo an.

Nach dem Krieg eröffnet er in Turin eine Firma für Autorennzubehör und beginnt auch selbst, Autos zu bauen. Aus dieser Zeit stammt unser 205 Berlinetta, der ebenfalls eine bewegte Geschichte hat. (Das Design ist von Giovanni Michelotti, noch so ein bestimmender Kopf der automobilen 1950er Jahre! Mit 16 in der Lehre bei Farina, mit Anfang 30 als selbstständiger Designer so erfolgreich, dass mehr als 30 seiner Entwürfe für verschiedene Marken 1954 auf derselben Messe stehen. Von ihm stammt zum Beispiel auch der BMW 700 in diesem Buch.) (Gleich noch eine Klammer: Vignale hieß die Karosseriebau-Firma, die viele von Michelottis Zeichnungen umsetzte, auch diese. In einer Sammlung »111 Traumautos« wären sicherlich einige Vignales dabei.)

Vom Abarth 205 wurden drei Stück gebaut, 1950 nahm dieser hier an der Mille Miglia teil, danach wurde er verkauft – ohne Motor. Der neue Besitzer baute, warum auch immer, eine andere Maschine ein, der Originalmotor wurde eingelagert und vergessen. Das Auto ging durch mehrere Hände, einmal wurde es auch als Ferrari angeboten, irgendwann wusste wohl kein Besitzer mehr, was er da für einen Schatz hatte. Erst vor ein paar Jahren kamen Motor und Auto wieder zusammen. Jetzt hat die wiedervereinigte Berlinetta nicht nur Oldtimer-, sondern auch noch Legenden-Status.

Gebaut 1950 – drei Stück. Motor mit 1.100 ccm Hubraum und 75 PS, Vierzylinder. 3,5 m lang, nur 1,13 m hoch.
Das Lenkrad ist rechts, das gab es in italienischen Autos bis in die 50er Jahre.

55_Alfa Romeo Giulia GT

Der Bertone

Der Bertone. So wird dieses Modell von Alfa Romeo meist gerufen. Die frühen Modelle, die vorn an der Motorhaube eine scharfe Kante haben, erhielten einen zusätzlichen Spitznamen: Kantenhaube (in Italien »Scalino«, Treppchen). Gut, die Erklärung mit der Kante liegt nahe – aber warum »Bertone«? Eigentlich sollte man »Giugiaro« zu dem sportlichen Coupé sagen. Der junge Designer Giorgetto Giugiaro, Angestellter bei der Karosseriefirma Bertone, entwarf nämlich die Linie des GT. Giugiaro wurde später richtig berühmt. Seine sachlichen Entwürfe bestimmten maßgeblich mit, was in den 1980er und 90er Jahren auf unseren Straßen zu sehen war. Er schuf zum Beispiel auch den ersten VW Golf und den ersten Fiat Panda! Und den DeLorean, der in die Zukunft und zurück reiste.

1963 stand das Alfa-Coupé auf der Internationalen Automobil-Ausstellung in Frankfurt, und zwar unter dem Namen »Giulia Sprint GT«. An dem Namen Giulia hatte die Mailänder Firma Alfa Romeo ja schon länger Freude, siehe unsere Nummer 17. Die Jahre darauf brachten verschiedene neue Motoren für das Modell – und damit auch unterschiedliche Namen. Manche Autos hießen »Junior«, andere »Veloce«, oder es stand nur der Hubraum auf dem Schildchen. Spätere Versionen hatten keine Kante mehr an der Haube … es ist kompliziert. Als niemand mehr durchblickte, sagten Alfa-Kenner halt irgendwann einfach »Bertone« zu der ganzen Baureihe.

Jedenfalls: Den Publikumsliebling gab es bis 1977 zu kaufen. Er war schlicht und schön, rostete zwar blitzschnell weg und war nur für Menschen mit italienischem Körperbau bequem, aber er begeistert bis heute. Die Alfas röhren nicht nur über sonntägliche Landstraßen, sondern gern auch im Rudel über die Rennstrecken bei Oldtimer-Events. In der Hitze des Renngeschehens wird das Material nicht geschont, es kann durchaus sein, dass mehrere der bunt lackierten »Combattenti« am Ende deutlich sichtbare Blechschäden aufweisen. Aber nur rumstehen, dafür waren die Bertones weder gedacht noch gemacht. Wäre auch schade, denn schon der Motorsound lässt Kenner aufhorchen: »Ah, ein Bertone!«

Gebaut von 1963 bis 1977, mehr als 220.000 Stück. 1.600 Kubik, 106 PS, Vierzylinder, Doppelvergaser. Andere Versionen: 1300 Junior, 1750 Veloce, GTA, GTC Cabrio. 1960 entsprach der Neupreis: 4 VW Käfer Standard.

H2605BBB

Noch ein Auto von Giugiaro:
Alfa Romeo 2600 Sprint (1962 bis 1966)

56_ Iso Grifo A3/C

Von Bizzarrini

Der Mann heißt wirklich so: Giotto Bizzarrini. Er arbeitete zunächst als Ingenieur bei Alfa Romeo und wechselte dann zu Ferrari. Dort konstruierte er den legendären 250 GTO, bis er 1961 Teil der »Palastrevolution« wurde. Zu dieser Zeit gab es in der Ferrari-Fabrik nämlich großen Knatsch: Laura, die Frau von Enzo Ferrari, tauchte ständig überall auf und erklärte Mitarbeitern, wie sie ihre Arbeit zu machen hätten, egal ob Renntechnikern oder Verkäufern. Sie mischte sich in alles ein und ging – ob ihre Tipps nun gut waren oder nicht – den Männern furchtbar auf die Nerven. Eines Tages marschierte nach einer solchen Diskussion Girolamo Gardini, der Verkaufschef, zu Enzo und sagte: die oder ich! Das war sein letzter Tag bei Ferrari. Als die anderen leitenden Ingenieure und die Männer der Rennabteilung das hörten, forderten sie, die Entlassung rückgängig zu machen. Widerspruch war der Commendatore nicht gewohnt. Die Legende besagt, dass den Aufmüpfigen wortlos der Weg zur Tür gezeigt wurde. Jedenfalls war die Firma am Ende acht ihrer wichtigsten Mitarbeiter los.

Einer davon war Bizzarrini, der sich nun für andere Hersteller verdingte, beispielsweise Lamborghini. Seinen nächsten Traumwagen (nach dem GTO) stellte er für Iso Rivolta auf die Räder. Die Firma hatte die Isetta erfunden, baute aber auch Sportwagen. Der Grifo (italienisch für das Sagentier Greif) war, in Bizzarrinis Version, eine flache Flunder, mit der Autotester Paul Frère 270 Stundenkilometer auf der Autobahn schaffte, ehe »vor uns ein Volkswagen einen anderen überholte und unsere Bremsen auf die Probe stellte, die uns weniger überzeugten«, wie er in »Auto, Motor und Sport« schrieb. Mit kleinen Änderungen hieß das Modell dann später nach seinem Erbauer: Bizzarrini GT 3500.

Das Auto auf unserem Foto stammt von 1964. Es ist ein Iso Grifo A3/C, der da im Hof von »Speed 8 Classics« in Belgien steht. Der erste Besitzer soll der Erfinder der Teflonpfanne, Marc Grégoire, gewesen sein. Wieder eine Legende? Wäre nicht schlimm, die gehören bei solchen Autos zur Serienausstattung!

— Gebaut von 1963 bis 1969, wohl über 100-mal in unterschiedlichen Versionen. 5,3-l-Chevrolet-V8-Motor mit 360 PS. Dachhöhe: 111 cm, Sitzverstellung: nein! Die Sitze wurden ab Werk auf den Käufer eingestellt (notfalls: Kissen). Nach dem Neupreis haben wir nicht gefragt. Hat man damals wahrscheinlich auch nicht.

57_ BMW 3200 CS

Mit Hofmeister-Knick

Zwei Namen verbinden sich für BMW-Freunde mit dem Jahr 1961. Der eine ist »Nischen-Paule«, Paul Hahnemann, neuer Vertriebschef bei BMW. Seinen Spitznamen verlieh ihm später Franz-Josef Strauß, als Anerkennung für sein Talent, zwischen den Modellen der Konkurrenz Nischen zu finden, die er dann passgenau mit neuen BMWs füllte. Das erste Projekt, das er zu verkaufen hatte, war allerdings noch nicht von ihm selbst initiiert: der 3200 CS. In einem Fernsehinterview des Bayerischen Rundfunks stellte er ihn vor: »Sie haben unser neues Coupé Zwo-und-dreißig-hundert CS gesehen. Unter der Haube befindet sich ein V8-Motor mit 160 PS. Die Karosserie, die zweifellos italienische Merkmale aufzeigt, wurde von Bertone in Turin karossiert.« Das Turiner Designstudio hatte nicht nur die Linie des Coupés gezeichnet (federführend: der damals 22-jährige Giugiaro, siehe Nummer 55), sondern lieferte auch die kompletten Blechgehäuse, die in München fertig montiert wurden.

Der zweite Name, der BMW-Fans in den Sinn kommt, wenn sie den CS sehen, ist der von Wilhelm Hofmeister. Er leitete damals die Design-Abteilung von BMW und übernahm die charakteristische Ecke in der hinteren Seitenscheibe vom 3200 für die weiteren Modelle. Und das behielten alle seine Nachfolger bei! Der »Hofmeister-Knick«, in den beim CS so schön das BMW-Logo passt, ist bis heute ein Erkennungsmerkmal sämtlicher BMWs.

Außer diesem Detail hat der »32-hundert« den Bayerischen Motorenwerken leider nicht viel gebracht. Seine Technik basierte noch auf den alten Barockengel-Modellen, und bei seiner Vorstellung auf der Messe in Frankfurt stahl ihm bereits die »Neue Klasse« die Show (siehe Nummer 18). Auf diese konzentrierten die Bayern sich bei Werbung und Pressearbeit. So wurde das schöne Coupé von den Käufern einfach übersehen. Ebenfalls nicht gerade verkaufsfördernd war der unglaublich hohe Preis: 30.000 Mark. Dafür hätte man statt einem CS ganze fünf Käfer Cabrios bekommen. Ungefähr 600 Bertone-BMW wurden produziert, bevor man 1965 Platz im Programm brauchte für Nischen-Paules neue, gewinnbringende Modelle.

— Gebaut von 1961 bis 1965, ungefähr 600 Exemplare, darunter 1 Cabrio als Geschenk für BMW-Haupteigner Quandt. 3,2-l-V8-Motor, Wendekreis: 12 m. 1964 entsprach der Neupreis: 7 VW Käfer 1200/5 Cabrios.

58__ Chevrolet Impala Convertible

Die Fledermausflosse

1959 war das Jahr, in dem die Flossenmode an amerikanischen Autos auf ihrem Höhepunkt war. Ein Beispiel dafür ist der Cadillac aus jenem Jahr (da zeigten die Flossen nach oben, siehe Nummer 41), das andere der Impala von Chevrolet. Längere Heckflossen hat kein Auto. »Bat Wings«, Fledermausflügel, wurden die Impala-Blechschwingen auch genannt. Die US-Automarken überarbeiteten damals jedes Jahr ihre Autos. Immer im Herbst wurde das kommende Modelljahr präsentiert. Technisch tat sich dabei meist nicht viel, dafür wuchsen die Schlitten immer mehr. In der Broschüre zur Modelleinführung versprach Chevrolet, als Käufer des 59er Modells bekomme man »more car for your money«. Fünf Meter sechzig, das ist schon ziemlich viel Auto! Die Werbeabteilungen waren aber mit der Realität, scheint‘s, trotzdem noch unzufrieden. Statt Fotos wurden oft Zeichnungen der neuen Wagen in Anzeigen und Prospekten abgebildet – auf denen die Autos sogar noch länger und gestreckter aussahen.

Der Impala, nach einer grazilen Antilopenart benannt, wiegt fast zweieinhalb Tonnen. »Full Size Cars« nannte man solche Straßenkreuzer in den USA. Die Impalas gab es als Sedan (Limousine), Station Wagon (Kombi) oder eben als Convertible (Cabrio), wie auf unserem Bild. Damit auch wirklich für jeden etwas dabei war, konnte man aber auch wählen, ob man Kombi und Sedan als Zwei- oder Viertürer bestellen wollte. Oder mit einem Zusatz-Seitenstreifen (»Parkwood«). Oder als »Kingswood 4-Door 9-Passenger Station Wagon« mit Klappsitzbank im Kofferraum. Für Spritsparer war, zusätzlich zu den dicken V8-Motoren, sogar ein »fuel-budgeting« Sechszylinder im Angebot. Den hat unser Foto-Cabrio natürlich nicht. Dort sorgt der große Motor mit 5,6 Liter Hubraum für Fortbewegung. »Big Block« – das zweite Zauberwort der späten 50er Jahre neben Full Size. Eine Automatik mit drei Gängen sorgt für »Smoothness«.

Noch ein Blick in den Verkaufsprospekt: Die Klimaanlage »gibt Ihnen genau das Wetter, das sie wollen – warm oder kühler – auf Knopfdruck«, steht da. Wetter nach Wahl – »Schön wär‘s«, seufzt man als Cabriofahrer.

Gebaut 1958/59 als Cabrio: 56.000 Exemplare. V8-Motor mit 276 PS, 5,6 l Hubraum, 3-Gang-Schaltgetriebe. 1959 kostete die Limousine so viel wie 4,7 VW Käfer.

D
GL
07083

59__Lancia Flaminia GT

Von Touring

Die Flaminia von Lancia war eine viertürige Limousine für den gehobenen Käufer, gestylt von Pinin Farina und einer der ersten Vertreter der Trapezlinie, die wenig später in halb Europa Mode wurde – siehe zum Beispiel den Peugeot 404 (Nummer 30). Als Besonderheit sei notiert, dass die Heckscheibe vier Scheibenwischer hatte. Zwei außen, zwei innen! Falls die Scheibe mal beschlagen sollte.

Unser Bild zeigt freilich keine solide Limousine, sondern ein aufregendes Cabrio, und das kam so: Lancia präsentierte kurz nach der großen Flaminia gleich drei sportliche Ableger dieses Fahrzeugs, alle drei von unterschiedlichen Designern gestaltet. Bei Pininfarina in Turin entstand ein Coupé mit vier Sitzen (Foto auf der nächsten Seite), bei Zagato in Mailand eine etwas rundlichere »Super Sport«-Variante mit Ausbeulungen im Dach, die für mehr Kopffreiheit sorgen sollten (es ist trotzdem eng da drin!), und schließlich noch das zweisitzige Modell von Carrozzeria Touring, ebenfalls aus Mailand. Und das gab's dann auch noch als Cabrio, hier im Bild. Ein kleiner Schriftzug – »Superleggera« – verrät, dass kein Stahl, sondern Alublech über einen leichten Rohrrahmen gezogen wurde.

Drei in Serie gebaute Coupés zu einem Modell – diese unglaubliche Auswahl konnte es nur geben, weil im Italien der 1950er und 60er Jahre noch die alten, kleineren Karosseriebetriebe überlebt hatten, die anderswo längst nicht mehr existierten. Die Löhne im Land waren niedrig, sodass die viele Handarbeit noch bezahlbar war. Gleichzeitig waren die Blechkünstler gut ausgebildet, da hatte wohl auch die Kriegsproduktion noch ihren Anteil. Auch Automarken aus dem Ausland ließen Blecharbeiten und Design gern in Italien machen, die schwache Lira bot für sie einen zusätzlichen Anreiz. So konnten die handwerklichen Hersteller in Lancia-Land ein paar Jahre länger durchhalten als zum Beispiel in Frankreich.

Die Flaminias wurden bei Touring übrigens gleichzeitig, nebeneinander in derselben Halle zusammengebaut wie die Maserati 3500, unsere Nummer 108. Familienähnlichkeit durchaus vorhanden.

__ Als Coupé bzw. Cabrio gebaut von 1959 bis 1965, vom Cabrio ca. 800 Exemplare. Sechszylinder-V-Motor, ab 2,5 l Hubraum, 120 PS, 170 bis 180 km/h Spitze. 1960 entsprach der Neupreis eines Pininfarina-Coupés 7, des Touring-Coupés knapp 8 VW Käfer Standard.

Das Coupé zur Flaminia
von Pininfarina (von 1964)

CADUTI GUERRA 1940 45
MILITARI
RIPANTI QUINTO
SGRECCIA FERDINANDO
TIBERI ARDUINO
CIVILI
BONVINI ALDO

60_Mercedes 230 SL

Die Pagode

Die Autobilder in den Werbekatalogen wurden früher oft nicht fotografiert, sondern von Hand gezeichnet. Solche Zeichnungen fertigte Paul Bracq anfangs bei Mercedes-Benz an. Aber eigentlich wollte er selbst gestalten, und das mit einem durchaus ehrgeizigen Ziel: Schöne Autos sollten es werden, die den Leuten gefallen »und 40 Jahre später beim Concours d'Élégance Siege erringen«, wie er einmal in einem Interview sagte. Bracqs berühmteste Arbeit der 60er Jahre ist die Form der »Pagode« für den Mercedes SL der Jahre 1963 bis 1971.

Gute Übersicht war den Mercedes-Ingenieuren um Béla Barényi wichtig. Bei einem offenen Cabrio nicht so schwierig – wenn das Dach zu ist, allerdings schon. Viele Stoffdächer lassen ja nur noch schießschartenartigen Ausblick zu. Und die aufgesetzten Blechdächer sehen oft nicht gut aus. Die Zwickmühle Eleganz-Sportlichkeit-Übersichtlichkeit löste Bracqs Entwurf für den SL perfekt, vor allem beim Hardtop. Das wölbt sich zur Mitte hin nicht nach oben, sondern hängt ein bisschen durch. So konnte das Auto hohe Fenster bekommen (Übersicht!), ohne insgesamt zu hoch und plump zu werden (Eleganz!). Wie gut das Ergebnis am Ende aussah, das hatten sich wohl nicht mal die Macher selbst vorgestellt. Schnell taufte der Volksmund den SL »Pagode«, nach den geschwungenen asiatischen Dächern. Dass die Windschlüpfrigkeit der Karosse ziemlich mies war, kümmerte dann niemanden mehr.

Nach Deutschland kam der gebürtige Franzose Bracq 1954, weil er hier, nach dem Kunststudium in Paris, seinen Militärdienst ableistete. Er erledigte unter anderem Aufträge für den Fuhrpark und kam so in Kontakt mit Mercedes. Dabei schaffte er es, den richtigen Leuten einige seiner Skizzen zu zeigen. In Bordeaux, seiner alten Heimat, kann man übrigens Bracq-Pagoden kaufen. Pauls Sohn hat dort eine Restaurationswerkstatt eröffnet. Tipp: Fahren Sie mit dem TGV hin! An dessen Design war Bracq nämlich auch beteiligt. Wer wenig Geld hat, aber unbedingt ein Bracq-Auto fahren möchte: Der Mann hat auch die ersten 3er- und 5er-BMWs gemacht, die sind billiger zu bekommen.

Gebaut von 1963 bis 1971, knapp 50.000 Exemplare. Baureihe: W 113, verfügbar als 230, 250 oder 280 SL. Sechszylinder, 2,3 l Hubraum, 150 PS, 1.400 kg schwer. Servolenkung: plus 550 Mark. 1963 entsprach der Neupreis: 3,3 VW Käfer Cabrio.

62
K SL 236H

61_ Opel GT

Grand Tourisme für jedermann

Die zwei Buchstaben »GT« standen einmal für eine ganze Fahrzeugklasse: Sportwagen, die sich auch zum Reisen eigneten. Für einen Kurztrip freitags quer durch Europa kacheln, schickes Hotel, abends ins Casino und Montag früh wieder im Chefbüro … GTs waren für die Reichen. Dann kam Opel auf die Idee, einfach auch mal einen zu bauen. Allerdings, getreu dem Image der Marke, einen, den »man« sich leisten konnte.

Gezeichnet wurde der Zweisitzer in der eigenen, frisch gegründeten Designabteilung. Zunächst war es nur eine Studie mit dem Namen »Experimental GT«, aber schnell merkten die Opelaner, dass es für so etwas einen Markt gab, und beeilten sich, den GT in Serie zu bringen. Motor und Achsen nahmen sie vom Kadett, das sparte Entwicklungszeit. Die fertig lackierten Karosserien ließen sie sich (samt Innenausstattung) aus Frankreich von einem kleinen Hersteller liefern, so hatte man im damals noch gut ausgelasteten Bochumer Werk weniger zu schrauben. Das Ganze wurde 1968 für unter 11.000 Mark angeboten. Dazu kam noch der geniale Werbespruch »Nur Fliegen ist schöner!«

Der Clou am Opel GT sind natürlich die Klappscheinwerfer. Man bewegt einen kräftigen Hebel an der Mittelkonsole, um sie nach oben zu drehen. Allein das lässt schon Rennwagen-Gefühle aufkommen, die Sitzposition ist aber auch dazu angetan. Es zeugt von Chuzpe, ein kleines 60-PS-Coupé »GT« zu nennen, und es ist eine nette Ironie, dass heute in Deutschland bei diesen beiden Buchstaben tatsächlich die meisten Oldtimerfans zuerst an den Opel denken. Die »Corvette des kleinen Mannes« war aber auch in den USA erfolgreich – mehr als die Hälfte der Produktion ging über den großen Teich.

Der GT-»Entwerfer«, wie man damals noch sagte, war Erhard Schnell. In den 50er Jahren hatte er die geschwungenen Kapitän- und Rekord-Schriftzüge gestaltet, in den 80er Jahren war er verantwortlich für das Design des ersten Corsa und des Calibra. 40 Jahre lang hat er Opel seinen Stempel aufgedrückt, aber vor allem sein GT … Hat man eigentlich schon überprüft, ob Fliegen auch wirklich schöner ist?

___ Gebaut von 1968 bis 1973, über 100.000, davon 2 Stück als Cabrio »Aero«. Versionen: 1.100/1.900 ccm mit 60 bzw. 90 PS, gut für 160 oder 186 km/h. 1969 kostete der 1100er GT so viel wie 2 VW Käfer 1300.

A. OPEL AG
Werk Bochum
V 28-105
Auf Bundesbahn zugelassen
HENSCHEL
BREMSGEWICHT: 44 t

Continental Reifen
GG-JD 42

Journalisten-Premiere des Opel GT
am Hockenheimring

62__ Porsche 356

Eine große Familie

Der älteste Porsche-Club der Welt feierte Jubiläum. Da war natürlich das Fernsehen vor Ort, 1962, in Dortmund! Genau zehn Jahre gab es den Verein bereits, und dieser freudige Anlass wurde mit einem Korso durch die Innenstadt begangen. Ganz offensichtlich verspürten die Porschefahrer schon damals ein Zusammengehörigkeitsgefühl. Ferry Porsche, der Sohn des 1951 verstorbenen Firmengründers Ferdinand, war ebenfalls in Dortmund und brachte dieses Gefühl im Interview auf den Punkt: »Wie wir den Wagen konstruiert haben, hatten wir eigentlich nur im Aug', ein Auto zu bauen, das den persönlichen Geschmack des Autofahrens anspricht, das heißt, das richtig Vergnügen bereitet. Dass wir damit den Menschen selber angesprochen haben, dass wir damit so viele Herzen gewonnen haben und heute auf der ganzen Welt eine große Familie sind, haben wir uns damals nicht gedacht.«

In Gmünd, in Kärnten, wurde 1948 das erste Exemplar, Projekt Nr. 356/1, zurechtgehämmert. Ab 1950 ging es in Stuttgart-Zuffenhausen weiter, zunächst gab es nur geschlossene Coupés, bald auch Cabrios. Am Anfang stand einfach »Porsche« auf den Autos, nach ein paar Jahren kam das Wappen mit dem Stuttgarter Rössle dazu. Es sieht dem Ferrari-Pferdchen ähnlich, hat aber nichts mit ihm zu tun. Ferraris »Cavallino Rampante« basiert auf der Bemalung eines Flugzeugs und wurde 1932 Enzos persönlicher Glücksbringer. Das Schwaben-Wappen dagegen ist die Idee eines Konstrukteurs namens Franz Xaver Reimspieß. Der arbeitete schon lange für F. Porsche, hatte den Käfer-Boxermotor entworfen – und war vermutlich auch Erfinder des VW-Logos!

Die 356er durchliefen mehrere Generationen mit leichten Veränderungen. Sportlich blieben sie immer, und auch den Vierzylinder-Boxermotor im Heck behielten sie alle. Viele gingen nach Übersee, auch bei diesem Auto war US-Importeur Hoffman eine treibende Kraft (wie zum Beispiel auch bei Nummer 2, dem BMW 507). Auf unserem Foto steht ein 1958er »Convertible D« nahe dem Vierwaldstättersee bei Luzern, einem idealen Revier für diese ältesten Mitglieder einer großen, munteren Familie.

__ Gebaut von 1948 bis 1965, etwa 77.000 Exemplare. Vierzylinder-Boxer-Heckmotor mit 1,1 bis 2 l Hubraum. Urmodell: 40 PS, C-Modell Carrera: 130 PS, Länge: 4 m. 1958 kostete der offene 356 so viel wie 2,3 VW Käfer Cabrio.

63_ Renault Floride

Eins von 230

Pietro Frua wurde 1913 in Turin geboren. In den 1940er bis 1960er Jahren hatte er als freier Autodesigner mit fast jeder europäischen Autofirma zu tun. Eine Auswahl: Für die Firma Borgward designte er ein Lloyd Coupé – das dann nie gebaut wurde. VW schlug er eine Limousine vor, ohne Erfolg. Sein Spider-Entwurf auf Basis des Opel Kadett ging ebenfalls nicht in Serie. Die Kombiversion der Mercedes-Pagode (!) blieb ein Einzelstück, genau wie der Kombi für Alfa Romeo, sein Citroën DS Coupé wurde immerhin als Miniserie realisiert. Sogar einen E-Type von Jaguar stylte er um. Besser lief es bei Volvo, wo sein Namenszug es auf den P 1800 schaffte (siehe Nummer 53). Sein Maserati Mistral war klasse, und dann gab es auch noch tolle Autos der bayerischen Marke Glas.

Frua soll mehr als 230 Autos entworfen haben – einige davon gingen tatsächlich in Serie, manche kamen ganz groß raus. Hier ist eins davon. Der Renault Floride entstand in Fruas Zeit bei Ghia, genauer gesagt: in der Zeit, nachdem Frua seine eigene Firma an Ghia verkauft hatte. Dafür war er dort Designchef geworden. Die Floride war aber gleich das letzte gemeinsame Projekt, Frua kündigte direkt danach, weil er mit dem Ghia-Boss nicht zurechtkam. So richtig weiß man übrigens nicht, wer bei diesem Renault-Cabrio wirklich den Zeichenstift in der Hand hielt. Die Initiative zu dem Modell kam nämlich aus den USA, und irgendwie war auch der Sohn von Virgil Exner (siehe Nummer 52) daran beteiligt. Der hieß Virgil junior und schickte sich damals an, ebenfalls Designer zu werden.

Auf jeden Fall kam der hübsche Renault im April 1959 in Europa auf den Markt, und hier hieß er Floride. Assoziation: gutes Wetter, Amerika. Dann stellte man aber mit Schrecken fest, dass man in den USA kein Auto anbieten konnte, das nach einem Bundesstaat hieß. Man hatte nämlich Angst, mögliche Käufer in den restlichen Staaten zu verprellen. Also tagte die Abteilung Namensgebung noch einmal – und kam mit »Caravelle«. Der Trick funktionierte, insgesamt wurden 117.000 Floride/Caravelle verkauft.

Für Renault von 1959 bis 1968 montiert bei Brissonneau et Lotz. Vierzylinder-Viertakt-Heckmotor mit anfangs 850 ccm, 40 PS. 4,26 m lang, 780 kg schwer, knapp 130 km/h Spitze. Serienmäßig mit Lichthupe und umschaltbarer Stadt-Land-Hupe. Das Cabrio kostete 1,5-mal so viel wie ein VW Käfer Cabrio.

Floride Bj.1959

64__ Studebaker Avanti

Von Raymond Loewy

Palm Springs ist eine Stadt in der Sonora-Wüste, nicht weit von Los Angeles in Kalifornien. Dort hatte sich der Designer Raymond Loewy 1947 ein ultramodernes Haus bauen lassen (wenn Sie mal da sind: 600 W Panorama Road). Der gebürtige Franzose war nicht irgendein Designer. Von Loewy stammen zum Beispiel das Design der Air Force One sowie die Logos von Lucky Strike und Shell. Im März 1961 meldete sich der Chef der strauchelnden Autofirma Studebaker bei Loewy mit einem Auftrag: Ein radikales Sportcoupé sollte her, etwas Neues, Dramatisches, Modernes. »Raymond, it must be a knockout!«

Loewy holte sich drei Leute dazu: einen Zeichner, einen Experten für die Tonmodelle und einen jungen Mann, frisch von der Kunsthochschule, der aus allen Wolken fiel, als der große Loewy anrief. Die vier zogen in einen eigens in Palm Springs angemieteten Bungalow und machten sich an die Arbeit. Nach acht Tagen (und durchgearbeiteten Nächten) war ein kleines 3-D-Modell in Ton fertig. Loewy brachte es nach Indiana, zum Studebaker-Vorstand. Sieben Wochen nach dem ersten Gespräch standen die Autobosse vor einem 1:1-Modell und sagten: »Yes!« Genau ein Jahr später wurde das fertige Auto der Öffentlichkeit präsentiert.

So kam der Avanti in die Welt, und eines ist sicher: So konnte er nur in Kalifornien, nur in Palm Springs entstehen. »Casual and glamorous« beschrieb einmal jemand den Stil, diese spezifische Atmosphäre, die es sonst in Amerika nirgends gab. Noch heute ist die Stadt jährlicher Anlaufpunkt für Avanti-Fahrer, nirgends passt er so hin wie nach Palm Springs. Die Firma Studebaker konnte er freilich nicht retten. Die Auslieferung verzögerte sich und kam nicht recht in Schwung, in anderthalb Jahren entstanden gut 4.600 Autos. Leider zu wenig, um der angeschlagenen Firma aufzuhelfen, die 1964 schloss. Das Avanti-Design aber blieb. Noch bis 2004 gab es immer wieder neue Interpretationen verschiedener Glücksritter-Firmen. Ein 1962er Original sieht man hier, fotografiert ausnahmsweise nicht in Kalifornien, sondern in seiner heimischen Garage in Essex.

__ Gebaut von 1962 bis 1964, 4643 Exemplare. V8-Motor mit 4,7 l Hubraum. Bei Rekordfahrten auf einem Salzsee fuhr ein Avanti 270, ab da wurde geworben: »Fastest production car in the world!« 1964 entsprach der Neupreis: 3,5 VW Käfer Export.

DU PONT
THE APPETIZER
Drink TIZER
Mack
TRUCKS
KEEP
LEFT

AUTOS MIT SPITZNAMEN

HURRICANE

65__Austin-Healey Sprite

Der Frosch

Ein Auto, das vor allem zum Spaßhaben gebaut wurde, darf gern auch bei Passanten für ein Lächeln sorgen. So geht es dem Austin-Healey Sprite an jeder Ecke. Die wohl niedlichste Kombination aus Kühlergrill und Scheinwerfern der gesamten 50er Jahre macht den englischen Sportflitzer sofort sympathisch. »Frog Eye« wird er in England genannt, »Bug Eye« in Amerika. In Deutschland sprechen Besitzer meist vom »Frosch«.

Die ersten Kritiken nach der Premiere 1958 waren von der Frontgestaltung nicht so begeistert. Die auf der Motorhaube liegenden Scheinwerfer störten viele Autotester. Und offenbar auch einige Kunden, denn schon nach kurzer Zeit boten mehrere Firmen Sprite-Fronten mit anderem Design an. Da die komplette vordere Autohälfte als Motorhaube aufgeklappt und abgeschraubt werden kann, war ein Austausch gar nicht so schwierig. Die »entfroschten« Fronten hatten die Lichter außen im Kotflügel, wie die anständigen Autos auch, sahen aber natürlich viel weniger knuffig aus. Nach drei Jahren – und knapp 50.000 gebauten Fröschen – gab Hersteller BMC nach und änderte das Design. Nun waren die Lichter ab Werk außen, Schluss mit »Frog Eyes«. Ein weiteres Ausstattungsdetail, das es erst in späteren Generationen gab: eine Kofferraumhaube. Sprite-Fahrer der ersten Baujahre fummeln ihr Gepäck hinter den Sitzen durch, um es zu verstauen – auch das ein Kritikpunkt beim Frosch.

Der Flitzer auf unserem Bild, komplett im Renntrimm, ist übrigens nicht in England zugelassen, sondern in Nordrhein-Westfalen … auch wenn man es dem Nummernschild erst auf den zweiten Blick ansieht. Wenn er schon auf der rechten Seite sitzt, dachte sich der Fahrer, dann will er auch eine britische Nummer. Bei einem Veteranentreffen auf der Insel ging er zum Schilder-Shop und ließ sich sein deutsches Kennzeichen ins Englische übersetzen. Mindestens bei Oldtimerveranstaltungen bleiben die weißen Nummernbleche seitdem im Kofferraum, einfach weil's besser aussieht und Spaß macht. Und Spaß, wir sprachen davon, ist bei diesem Auto das Wichtigste!

__ Als Frog Eye gebaut von 1958 bis 1961, weitere Sprite-Versionen bis 1971. Hergestellte Frösche: 50.000, 950-Kubik-Vierzylinder, 42 PS, 660 kg schwer, 3,49 m lang, 126 km/h schnell. Scheibenwaschanlage: 35 Mark. 1958 entsprach der Neupreis: 1,2 VW Käfer Cabrio.

59
59
SU UK 60H

66 BMW 502

Der Barockengel

Üppigkeit zeichnet die Formen des Barocks aus, und so ist es auch mit dem »Barockengel« von BMW. Alles ist rund, überall beult sich noch ein Fettpölsterchen aus. Moderne Autos stellte man sich in den 50ern eigentlich schon anders vor: straffer, kantiger. Das Modell 501/502 – so heißen die Barockengel eigentlich – war der Versuch von BMW, nach dem Krieg in der Oberklasse mitzuspielen. Die Marke hatte es schwer, im Wartburg-Kapitel (siehe Nummer 37) war ja schon vom Verlust des Eisenacher Werkes die Rede. Leider konnte auch der 501 nicht viel helfen, zumal am Anfang auch der Motor noch nicht genug Kraft für das große Gefährt bereitstellte. Nach drei Jahren kam ein Achtzylinder in das Auto, trotzdem wollten zu wenige Leute die teuren Schönheiten aus München kaufen. BMW machte Verlust.

Ein bestimmter Barockengel wurde besonders bekannt: der Münchner Funkstreifenwagen »Isar 12« aus der Krimiserie im Vorabendprogramm. Die Polizei benutzte die geräumigen Limousinen auch im richtigen Leben gern, speziell wenn der V8-Motor unter der Haube war. Insgesamt gab es ungefähr 130 bayerische Barockstreifen. Daran dachte man vor einigen Jahren auch beim Polizeipräsidium Oberbayern, als ein 502 beschlagnahmt wurde. Der Fahrer, ein notorischer Promillesünder, war mit dem BMW so oft betrunken kassiert worden, dass ihm das Auto weggenommen wurde. (Den Führerschein war er schon lange vorher los, er fuhr aber trotzdem weiter.) Die Polizei unterhält in Bayern eine eigene Werkstatt, die Lehrlinge hatten dann für einige Jahre eine schöne Aufgabe: aus dem runtergekommenen Altauto eine repräsentative Polizeikalesche machen. Das Ergebnis ist auf unserem Bild zu sehen. Damit werden nun keine Gangster mehr gejagt, sondern PR-Auftritte unterstützt.

Die weißen Kotflügel bringen die Formen besonders zur Geltung. Ihr Zweck war aber eigentlich, dass man den Streifenwagen schneller erkannte. Vorher waren die Einsatzfahrzeuge einfarbig gewesen, grau oder tannengrün. Wer den BMW trotzdem übersieht, der kriegt die Sirene zu hören – wenn man schon angehalten wird, dann doch bitte von einem Barockengel!

Gebaut von 1951 bis 1963, 23.000 Barockengel.
Motoren: Sechszylinder, 55 PS, ab 1954 V8 mit 2,6 l, 95 PS.
Der schaffte 165 km/h und verbrauchte 15 l Benzin.
1.400 kg schwer, 4,73 m lang.
1955 entsprach der Neupreis: 3,7 VW Käfer Standard.

M - 3000

—— Grüß Gott, die Polizei München!

67_ Citroën 2CV

Die Ente

Etienne Musslin hat sein Leben den Enten gewidmet. Er fotografiert sie, er schreibt über sie, und natürlich repariert und fährt er sie auch. Freilich spricht er nicht von Enten, denn er wohnt in Frankreich, in der Region Grand Est am Rand des Elsass. Dort sagt man weder »Ente« noch »Canard« zu den kleinen Citroëns. Der französische Kosename lautet: »Deuche« oder »Deudeuche«.

Über den 2CV, in Süddeutschland auch gern »Döschwo« genannt, gibt es unzählige Geschichten, wahrscheinlich für jedes der gut fünf Millionen gebauten Exemplare eine. Die erste Story beginnt in den 1930er Jahren, als der Citroën-Angestellte André Lefébvre den Auftrag bekommt, ein Auto zu entwerfen – für »zwei Bauern, einen Zentner Kartoffeln und ein kleines Weinfass«, Aussehen egal! Ein paar Prototypen entstehen, genannt TPV – »toute petite voiture«, ganz kleines Auto. Dann kommt der Krieg, die TPVs werden vor den Deutschen versteckt, erst 1948 geht es weiter: Enthüllung des 2CV in seiner endgültigen Form, das finale Design ist von Flaminio Bertoni (wie auch beim DS). Kaufen kann man das Auto noch nicht. Die Produktion beginnt erst ein Jahr später, dafür wird sie bis 1990 nicht enden. Die Journalisten waren anfangs wenig begeistert vom 2CV, aber die Autofahrer:innen liebten den preiswerten »Regenschirm auf Rädern« vom Start weg.

Auch Etienne ist einer dieser Fans. Von Kindheit an mochte er die Deuche. An das Exemplar auf unserem Foto kam er 2014. Er war damals Chefredakteur des Entenmagazins »Planète 2CV« und entdeckte die 1955er Ente in einer Internet-Kleinanzeige. Sie hatte bereits einiges mitgemacht: Schon 1960 hatte sie einen Unfall, wurde halbwegs instand gesetzt und blau lackiert. (Vorher war sie, wie alle ihre Kolleginnen, grau gewesen.) Sie kam zu einem Fahranfänger, der damit 18 Jahre fuhr, bis sie buchstäblich zerbrach. Sie landete in einer Scheune und wurde mehr als 35 Jahre nicht gefahren. Bis Etienne sie kaufte und behutsam herrichtete. Seither fährt er sie auch. Wenn Sie mal im Elsass sind, könnte es gut sein, dass sie Ihnen auf einer kleinen Landstraße entgegenkommt.

Gebaut von 1948 bis 1990, 3,9 Millionen 2CV, dazu 1,2 Millionen Kasten-Enten. Zweizylinder-Boxermotor, am Anfang 9 PS aus 375 ccm. Länge: 3,83 m, Farbe: grau, ab 1956 auch andere Farben. 1959 entsprach der Neupreis: 1,2 VW Käfer Standard.

TOTAL
DH-894-MG

68 Ford Taunus 17 M (P3)

Die Badewanne

»Die Linie der Vernunft« war bei Ford ab 1960 im Programm. Sie löste den »Barocktaunus« ab, der zwar nicht offiziell so genannt wurde, dessen Spitzname aber schon auf sein etwas exaltiertes Design hindeutet. Er hatte Heckflossen, einen nach vorn geneigten Chromgrill und sah überhaupt ziemlich nach »Fairlane« aus (siehe Nummer 82). Nun also ein sachlicheres Design für den neuen Ford 17 M, gestaltet von Uwe Bahnsen. Es war Bahnsens erstes Projekt für die Kölner, später war er als Designchef dort an weiteren Meilensteinen des Autodesigns beteiligt. Vor allem mit dem Ford Sierra in den 1980ern sorgte er für Rummel. Den fanden damals viele schrecklich – heute gilt er den Fans als Ikone jenes Jahrzehnts.

Zurück zur »Badewanne«! Das war nämlich der Spitzname für den 17 M, wie er von 1960 bis 1964 aussah. Die rundliche Form integrierte die Stoßstangen und die Blinker, der Chromschmuck war reduziert, es gab nicht mal eine Längsleiste an der Seite. Dafür durfte man aus einer Liste von 27 Farbkombinationen wählen, davon konnten zum Beispiel Entenfahrer nur träumen. Direkte Folge der vernünftigen Linie: Die eigentlich eher schwach motorisierten Fords waren so windschnittig, dass sie auch stärkeren Fahrzeugen auf der Autobahn die runden Rücklichter zeigen konnten. Nebenbei senkten 20 Prozent weniger Luftwiderstand im Vergleich zum barocken Vorgänger den Benzinverbrauch gewaltig. Zur Aerodynamik trug auch die gewölbte Frontscheibe bei, damals in der Mittelklasse eine aufregende Neuheit. Die bauchige Form des Autos sorgte innen für richtig viel Platz.

Die Fahrer mussten auf Chrom übrigens nicht ganz verzichten, sie konnten sich im metallenen Armaturenbrett und der Radioblende spiegeln. Und natürlich den verchromten Hupring bedienen, wenn einer keinen Platz machte. Gegen Aufpreis trötete es ab Werk sogar mit Zweiklang. Wer dazu noch auf schöne Musik Wert legte, ging in den Zubehörladen und baute sich einen Plattenspieler in die Badewanne – siehe Foto nächste Seite! Spätestens damit war das Komfortgefühl im Vernunftauto perfekt.

Als »Taunus P3« von 1960 bis 1964 über 600.000-mal gebaut. P3 bedeutet: »dritte neue PKW-Konstruktion von Ford Köln nach dem Krieg«. Vierzylinder-Viertakt, 60 PS, 1.700 ccm, 140 Spitze. Heizung für 160 Mark extra, 1500er-Motor: 75 Mark weniger. 1960 entsprach der Neupreis: 1,7 VW Käfer Standard.

BM G 1182H

In meiner Badewanne bin ich Kapitän …
Plattenspieler von Philips

TAUNUS
BLAUPUNKT
L
M
U
PHILIPS
KÖLN

69 Fiat 500 C

Il Topolino

Dieses Auto ist ein Fiat 500 C von 1952. Die magische Zahl 500 steht bei den meisten Fiat-Fans heute für ein anderes Auto (unsere Nummer 6) – das Modell hier rechts kennt man vor allem unter seinem Kosenamen »Topolino«. Das italienische Wort bedeutet übersetzt »Mäuschen«, war aber auch der Titel der italienischen Micky-Maus-Hefte. Die erste Ausgabe (500 A) bevölkerte ab 1936 italienische Straßen. Damals passte der Name sogar noch besser, denn die zunächst frei stehenden Scheinwerfer als Ohren und der Kühlergrill im Zähnchen-Style hatten schon was Mausiges. Was nach dem Krieg und einer sanften Design-Modernisierung davon blieb, war das niedliche Format des Autos: 3,21 Meter lang, keine 1,30 breit. Zwei gute Sitze für Erwachsene passen da rein, dahinter relativ viel Stauraum, in dem Kinder oder Gepäck untergebracht werden können, allerdings ohne jeglichen Komfort. Und auch ohne Kofferraumklappe. Man kann zwar am Heck etwas aufmachen, aber das ist nur das Fach fürs Reserverad.

16 PS bewegten die 600-Kilo-Maus eher gemächlich als flink, aber es war ein richtiges Auto, und sogar ein recht leises. Die Alternative wäre ja gewesen, die Siebensachen mit der Vespa herumzukutschieren. Im Topolino zu sitzen ist überraschend bequem. Man lässt sich von vorn (»Suicide Doors«) in ein komfortables Polster sinken, oben ist das Faltdach offen, und zu eng ist es auch mit langen Beinen nicht. Neben dem Knie ist der Hebel für die »Rheumaklappe«, die Fahrtwind ins Auto lässt, wenn man sie öffnet. Die gleiche Klappe gab es für genau ein Jahr auch beim VW Käfer, aber den Deutschen war der Luftzug da unten zu unangenehm. Die Italiener fanden's wohl gut, bis zum letzten Topolino 1955 blieb sie.

Der Besitzer unseres roten Schmuckstücks hatte so einen früher schon mal, als Studentenauto. Billig, runtergeritten und bald kaputt. Aber man erlebt in Studentenkarren nun mal tolle Jahre. Zur Erinnerung an diese Zeit hat er sich dann später das restaurierte Mäuschen gekauft. »Funktioniert das mit der Nostalgie?«, frage ich. »Nostalgie schon«, sagt er, »aber der heutige Straßenverkehr ist eher stressig.«

Gebaut als Topolino C
376.000-mal von 1949 bis 1955.
Vierzylinder-Reihenmotor,
16 PS, 0,5 Liter Hubraum,
3,21 m lang, 1,41 m hoch,
Leergewicht: 600 Kilo,
0 auf 80 in 31 Sekunden,
Verbrauch: 4 bis 6 l.
1952 entsprach der Neupreis:
1,1 VW Käfer Standard.

70 Lloyd LP 300

Der Leukoplastbomber

»Freie Fahrt ins schönere Leben hinein!« Der LP 300 war noch ein richtiges Zukunftsversprechen – in einer Zeit, in der viele auf die Vergangenheit gern verzichten wollten. Vom Band kullerte die kleine Knatterbüchse in Bremen. Die Lloyd-Werke gehörten Carl F. W. Borgward (siehe Nummer 19), der das Auto 1950 vorstellte. Der traditionsreiche Name kam von der großen Reederei »Norddeutscher Lloyd«, die zur Zeit der Atlantikdampfer eines der bedeutendsten Unternehmen im Land gewesen war.

Mit schnellen Dampfschiffen hatte das schmächtige Wägelchen nicht viel gemein. Der »Lloyd für kleine Leute« verfügte über einen winzigen Zweitaktmotor und vier Sitze. Was ihn von den anderen Kleinwagen der Zeit unterschied, war seine Oberfläche. Die bestand aus einer Art Kunstleder, das über ein Holzgerippe und ein paar Sperrholzbretter gezogen wurde. Damit man die Holzlatten nicht so sah, lag noch eine Schicht Filz dazwischen. Sollte mal ein Riss in die Karosserie kommen, so hieß es, könne man den LP 300 mit einem Heftpflaster flicken. So kam das Auto zu seinem Spitznamen: Leukoplastbomber.

Was die Leute auch noch sagten, war weniger liebevoll: »Wer den Tod nicht scheut, fährt Lloyd!« Die schmalen 10-PS-Autochen hatten nicht viel Sicherheit zu bieten, und genauso wenig Komfort. Dafür kosteten sie sehr wenig, nur gut 3.300 Mark, ein Viertel weniger als der Standard-Volkswagen. Sie verkauften sich gar nicht schlecht, in den nächsten Jahren konnte Borgward die Lloyd-Palette noch ausbauen. Es kamen größere Motoren und sogar ein Lieferwagen, in der Busversion gut für sechs Reisende. Managementfehler und ein bisschen Pech läuteten das Ende der Lloyds aus Bremen Anfang der 60er Jahre ein. Da hatte die Fahrt ins schönere Leben – mit Wirtschaftsaufschwung und Urlaubsreisen – viele Deutsche schon recht weit gebracht. Als Erinnerung an die harten, aber hoffnungsvollen Zeiten kurz nach dem Krieg eignen sich die Leukoplastbomber sehr gut. Deswegen stehen sie häufig in Museen. Auf den Straßen sind die fahrenden Holzhütten mit Pflasterhaut schnell verfault und heute äußerst selten geworden.

Gebaut von 1950 bis 1952
als LP 300: 18.000 Exemplare.
Zweitakt-Zweizylinder,
Frontmotor, 300 ccm,
10 PS, Vorderradantrieb,
480 kg schwer, 1,32 m schmal,
3,25 m lang, 75 km/h schnell.
1952 entsprach der Neupreis:
0,75 VW Käfer Standard.

BN 59 9088

71 Mercedes 300

Der Adenauer

Dieses Auto kennt man vor allem unter dem Namen des ersten Bundeskanzlers der Bundesrepublik Deutschland, aber er war nicht der Einzige, der darin umhergefahren wurde. Der 300er war die erste deutsche Luxuslimousine nach dem Krieg. Reiche Industrielle und andere Entscheider bestellten sich so einen. Auch das Faltdach-Modell auf unserem Foto war ab 1952 erst mal »das Auto vom Chef« (bei einer großen Kölner Teppichhandlung). 1963 wurde es verkauft, und zwar an den Mann, der es heute noch fährt! 1.800 Mark war der damalige Kaufpreis für das edle Stück, das fortan als Studentenkarre fungierte. Neu hatte es knapp 20.000 Mark gekostet.

Nach einigen Jahren hatte der junge Besitzer Mitleid mit dem alten Benz und beschloss, ihn nur noch als Schönwetterfahrzeug zu nutzen. Das ist nun über 50 Jahre her, und der Mercedes ist mit seinem Fahrer in Würde gealtert. Der schwarze Lack glänzt nicht mehr so, der Chrom hat ein paar kleine Rostfleckchen, und die Polster fransen an manchen Stellen aus … eine ganz gleichmäßige Patina liegt auf dem Adenauer. Restauriert oder auch nur nachlackiert wurde er nie, nur instand gehalten.

Fahren tut er tadellos, der heutige Straßenverkehr stresst ihn allerdings. Neben einer Servolenkung vermisst man vor allem einen Bremskraftverstärker. So etwas baute Mercedes-Benz erst ab 1954 in die Zweitonner ein. Wahrscheinlich wurde vorher eher gehupt als gebremst. Ob er denn in all den Jahren nie einen Unfall damit hatte, frage ich den Besitzer. Doch, sagt er, einmal hat er einen Käfer gerammt, aus Versehen. Bei dem VW flog der Kotflügel weg, das Trittbrett war im Eimer … Er zeigt auf einen kaum sichtbaren Kratzer vorn an der Stoßstange: »Da hab ich den erwischt«.

So ein Adenauer ist eben stabil. Als Politiker war er ja auch quasi unverwüstlich. Mit 87 musste er als Kanzler zurücktreten, blieb aber noch jahrelang Bundestagsabgeordneter. Adenauers Dienst-Adenauer steht übrigens im Bonner Haus der Geschichte. Schwarz ist der natürlich ebenfalls.

Gebaut von 1951 bis 1962, insgesamt 11.000 Stück der Baureihen W 186 und 189. Sechszylinder, 3 l Hubraum, 115 PS, Länge 4,95 Meter, 160 km/h schnell, 0 auf 100 in 18 Sekunden. 1952 entsprach der Neupreis: 4,5 VW Käfer Standard.

K B 123H

72_ Renault 4CV

Das Cremeschnittchen

»Motte de Beurre« – Butterklumpen. Das war der Spottname für den Renault 4CV in Frankreich. Da klingt »Cremeschnittchen« doch viel appetitlicher, die liebevolle Bezeichnung in Deutschland. Die Namen kamen von der Farbe: Renault bot das Wägelchen am Anfang nur in einem einzigen Farbton an: Buttergelb (offiziell vornehm »ivoire«, elfenbeinfarben). Oft wird gesagt, man habe in der ersten Zeit in der Fabrik in Billancourt noch Tarnfarbe aufgebraucht, die beim Lackieren von Wehrmachtspanzern für den Afrikafeldzug übrig geblieben war. Gesichert ist das nicht.

Vorgestellt wurde der kleine Renault im Sommer 1946. Wie schafften es die Franzosen, so kurz nach dem Zweiten Weltkrieg ein fertiges Auto zeigen zu können, noch dazu ein rundum neues? Heckmotor, vier Türen, vier Zylinder, integrierte Scheinwerfer, überall Zierleisten … der 4CV war beileibe keine Notlösung. Nun, sie hatten es heimlich entwickelt! Schon 1942, während der deutschen Besetzung, arbeiteten Renault-Ingenieure am 4CV. Die Nazis hatten den Bau von zivilen Autos verboten, das konnte die französischen Tüftler aber offenbar nicht abhalten. Die Beliebtheit des Autos belohnte sie dafür, die Cremeschnittchen verkauften sich wie warme Semmeln. Bis 1961 gingen 1,1 Millionen Stück über die Theke. Klassensiege bei großen Autorennen kamen hinzu, sowohl bei der Rallye Monte Carlo als auch in Le Mans und bei der Mille Miglia. Und auch beim Radrennen Tour de France begleiteten »Kattschewoh« publikumswirksam die Sportler.

Der deutsche Spitzname wurde übrigens im Saarland geprägt. Hier gab es extrem viele 4CV, weil die Zollunion mit Frankreich bis 1959 dazu führte, dass für Autos aus Deutschland in Saarbrücken Zollgebühren fällig wurden. Also kaufte man lieber zollfrei Französisches, und zwar mit Francs. Auch die Mark kam erst 1959 ins Saarland.

Zum Schluss noch ein Service-Hinweis: Der schöne Verschluss unterhalb der Heckscheibe sieht aus wie ein Tankdeckel – ist er aber nicht! Dort füllt man das Kühlwasser ein. Im Unterschied zum Käfer hat das Cremeschnittchen nämlich Wasserkühlung.

___ Gebaut von 1946 bis 1961,
1,1 Millionen Fahrzeuge.
Vierzylinder-Viertakt im Heck,
750 ccm, 21 PS, 620 Kilo,
Wendekreis 8,9 m,
Länge: 3,62 m,
Spitzentempo: 103 km/h.
1955 entsprach der Neupreis
(ab Grenze, verzollt):
1,05 VW Käfer Standard.

GL-06613

___ Essence, Eau, Fleurs

ESSENCE
CHARGE

73_ Volvo PV 444/544

Der Buckelvolvo

In Stockholms »Königlicher Tennishalle« fand im September 1944 eine Ausstellung statt. Die Firma Volvo zeigte ihr Programm und stellte ein paar Neuheiten vor. Eine davon war ein Auto namens PV 444. Zwar war es nur ein Prototyp, der nicht einmal fahrbereit war, aber die Schweden zückten begeistert ihre Füllfederhalter. Mehr als 2.000 Leute unterschrieben in der Tennishalle, dass sie so ein Auto kaufen wollten. Sie sollten Geduld brauchen: Erst zweieinhalb Jahre später konnten die ersten 444er ausgeliefert werden. Die Volvo-Strategen hatten sich etwas verkalkuliert … wie auch hinsichtlich der Nachfrage, denn ihr ursprüngliches Ziel lautete, insgesamt 8.000 Stück zu verkaufen.

Vier Sitze, vier Zylinder und 40 PS, dafür soll die »444« stehen, heißt es. Das Design war bereits bei Erscheinen veraltet, aber die Leute liebten den Volvo. Als man merkte, wie zuverlässig und langlebig die »Buckel« waren, ging der Run erst richtig los. Fast 200.000 Exemplare wurden bis 1958 gebaut. Da waren die »Amazonen« auch schon auf den Straßen, und jede andere Autofirma hätte sich jetzt vom alten Design verabschiedet. Nicht so Volvo! Sie modernisierten den 444 leicht – statt der geteilten gab es eine durchgehende Windschutzscheibe – und nannten das Ergebnis 544. Die antiquierte Buckelform blieb, weiterhin gab es nur zwei Türen und immer noch keine Uhr. Die Folge: Das neue alte Modell verkaufte sich glänzend!

Auch der größte sportliche Erfolg war eine unwahrscheinliche Geschichte: 1964 schickte Volvo vier Buckel nach Kenia, um am härtesten Rennen der Welt teilzunehmen, der »East African Safari Rally«. Die meisten Teilnehmer schafften es nicht rechtzeitig oder gar nicht ins Ziel. Auch die Volvos nicht, einer blieb kaputt in Kenia zurück. Den reparierte sich Joginder Singh, ein erfahrener Safari-Rally-Pilot kenianisch-indischer Abstammung. Er gewann mit dem Gebrauchtwagen im Jahr darauf völlig überraschend das Rennen. Kurz danach, am 20. Oktober 1965, rollte der letzte Buckel vom Band. Es war der 440-tausendste, und warum man nicht noch läppische 4.000 mehr gefertigt hat, um auf 444.000 zu kommen, dafür habe ich überhaupt kein Verständnis.

In Serie von 1947 bis 1965,
als PV 444 gebaut: 196.005,
als PV 544 genau 243.996.
Zuerst 1,4-l-Motor mit 40 PS,
später 1,6-l-Motor mit 60 PS,
ab 1961: 1,8 l mit 75 PS.
Länge als 544: 4,45 m.
PV? »Personvagn«!
Für den Neupreis eines 544
bekam man 0,8 Amazonen.

74__VW-Bus (T1)

Der Bulli

März 1950: Die VW-Hallen in Wolfsburg spucken die ersten »Bullis« aus. Damals eine völlig neue Fahrzeuggattung, heute einer der am heißesten geliebten Oldtimer. Die Idee, einen Volkswagen mit mehr Laderaum zu bauen, kam vom niederländischen Auto-Importeur Ben Pon. Der sah, dass im Werk eine Art fahrende Plattform herumfuhr, der Fahrersitz war hinten. Damit konnten Arbeiter Geräte oder Teile übers Gelände bugsieren. Pon nahm sein Notizbuch und skizzierte einen Transporter auf Käferbasis: Motor hinten, Fahrer weit vorn, rundliches Dach. Das war im April 1947. Die VW-Mannschaft hatte zu viel zu tun, um die Idee sofort umzusetzen, aber 1949 gab es einen fertigen Prototyp des »Typ 2« (Typ 1 war der Käfer). Er sah aus wie eine Mischung aus Bus und Limousine, so hatte er auch ganz schnell seinen Spitznamen weg: Der Bulli war geboren, erst als geschlossener Kastenwagen, dann mit Fenstern und in allen möglichen anderen Ausführungen. Schon im ersten Jahr erweiterte die Firma Westfalia mit der Campingbox die Möglichkeiten. Das war eine Holzbox mit Gaskocher und Klapptisch, dazu gehörte ein Hängeregal für die Tür und eine Art Bett. Der Clou: Die Campingausrüstung konnte man am Sonntagabend mit wenigen Handgriffen wieder herausräumen, sodass der Bulli unter der Woche seinen Alltagspflichten nachgehen konnte.

T1 nennt man die Modelle mit der geteilten Windschutzscheibe, abgelöst wurden sie 1967 vom T2, der inzwischen auch sehr viele Fans hat. Jeder Bulli hat seine ganz persönliche Geschichte, die meist mit harter Arbeit beginnt und sich dann mit Abenteuern aller Art und einer mehr oder weniger peniblen Restauration fortsetzt. Zum Beispiel der Camper hier rechts: 1959 in Deutschland produziert und nach Südafrika exportiert – daher mit dem Lenkrad rechts und den Türen links. Er wurde in völlig vergammeltem Zustand in Afrika gefunden und ins Rheinland geholt. Mit der Fahrgestellnummer konnte man bei Volkswagen die Datenkarte von der Auslieferung heraussuchen, auf der auch die Original-Farbkombination stand. Das Besitzerpaar teilt sich den T1: Er schraubt, sie fährt, gecampt wird gemeinsam.

__ Gebaut von 1950 bis 1967, 1,8 Millionen (als Bus, Transporter, Pritsche ...) Vierzylinder-Boxer, zunächst mit 1.100 ccm und 25 PS, am Ende 1.500 ccm und 44 PS. Länge: 4,28 m, Höhe: 1,94 m. 1957 entsprach der Neupreis eines Achtsitzer-Busses mit Faltdach und Dachfenstern: 1,9 VW Käfer Standard.

ERK TI 59H

— Gehörte früher mal
Sir Stirling Moss,
dem Rennfahrer:
BMW 600
»große Isetta«

TECHNISCHE FINESSEN, VERBLÜFFENDE IDEEN

16
BGC 408G

75__Amphicar 770

Nur mit Sportbootführerschein

Ein paar Leute schlagen erschreckt die Hände vors Gesicht, alle anderen ziehen schnell die Handys heraus und filmen die Szene: Ein Auto fährt ins Wasser! Kein Problem, wenn es dieses hier ist – das Amphicar.

Hans Trippel hatte im Zweiten Weltkrieg schon »Schwimmwagen« für Hitlers Wehrmacht konstruiert, dann kam 1959 der Auftrag aus Amerika: 25.000 schwimmfähige Cabrios sollten hergestellt werden, die Amphicar Corporation wollte sie an freizeitorientierte US-Kunden verkaufen. Der Autojournalist Fritz B. Busch schrieb: »Die Amis sind immer auf der Suche nach einem Spielzeug, das der Nachbar noch nicht hat.« Am Ende klappte der große Deal nicht richtig, immerhin wurden etwas über 3.500 Amphicars an den Seemann gebracht. Bei diesem Auto haben die Heckflossen tatsächlich eine Funktion: Sie halten überschwappende Wellen vom Motor fern. Der sitzt hinten, ist ein 1,2-Liter-Triumph-Triebwerk und treibt entweder die Hinterachse oder zwei Bootsschrauben an.

Marco Schuh nimmt mich mit. Wir fahren südlich von Köln an den Rhein, auf der Rampe hält er ganz kurz an und zieht an einem Hebel am Boden. Jetzt drehen sich die Schrauben mit, Marco gibt Gas und rauscht mit kräftiger Bugwelle in den Fluss. Von nun an ist das Amphicar ein Boot. Gelenkt wird ganz normal per Lenkrad über die Vorderräder, die wie Querruder steuern. Das geht alles verblüffend einfach, auch in der starken Strömung des Rheins. Genauso einfach fährt er am Ende wieder ans flache Ufer und holpert über den Strand. Hebel, Schraube aus, normale Autofahrt. Marco macht solche Touren auch mit zahlenden Passagieren. Das Dach des Cabrios bleibt dabei in der Regel offen, dafür wird die Sonderausstattung »Sonnenschirmständer« vor der Rückbank gern genutzt. Am Lago Maggiore ist er auf diese Art schon mal über das Ufer direkt in einen Campingplatz gefahren. »Es war spät abends und die Schranke war schon zu«, erzählt er. Böse war ihm niemand. Wer Amphicar fährt, hat wirklich immer nur grinsende Gesichter um sich … und ein paar erschrockene.

___ Gebaut von 1961 bis 1968, etwas mehr als 3.500. Vierzylinder-Viertakt-Motor im Heck, 1.200 ccm, 38 PS, Geschwindigkeit: 110 an Land, 10 bis 12 km/h im Wasser. 1962 entsprach der Neupreis: 1,7 VW Käfer Cabrio.

kultauto.de
K-P 662
Komm an Bord
CH
kultauto.de
kultauto.de
K
AC 65 H

76_BMW Isetta

Der Eintürer

Wie so viele schöne Auto-Ideen kam auch die Isetta aus Italien. Wenn man mal eine sieht, trägt sie zwar meist ein BMW-Emblem, aber die »Knutschkugel« war ein Lizenzbau. Renzo Rivolta und seine Firma Iso hatten sich die irre Konstruktion mit der Front-Tür ausgedacht. Serienmäßig kam die Isetta mit Faltdach. Das war kein Chichi, sondern notwendig für die Zulassung: Falls die Tür bei einem Auffahrunfall verklemmen sollte, brauchte man einen Notausgang. Der war dann eben oben. Hinten raus wäre auch nicht gegangen, da knatterte das Motörchen.

Ab 1953 bauten die Iso-Leute ihre Isetten. 1954 nahm sogar ein ganzer Schwarm an der Mille Miglia teil, dem Autorennen quer durch Italien. Spätestens da wurden die BMW-Chefs auf die kleinen Flitzer aufmerksam. Sie brauchten dringend etwas Massentaugliches im Programm, denn die Autos, die sie bis dahin gebaut hatten, waren alle groß, schwer und teuer (siehe »Barockengel«, Nummer 66). Sie kauften die Lizenz, und 1955 präsentierte BMW die deutsche Interpretation der italienischen Idee. »Motocoupé« umschrieben die Münchner ihren Kleinstwagen. Den Motor hatten sie aus dem eigenen Regal genommen, er trieb ansonsten die R25 an – ein Motorrad. Die 250 Kubik passten aber auch gut in den spärlichen Raum vor den beiden eng beieinanderstehenden Isetta-Hinterrädern. Zusätzlicher Vorteil des schmalen Aggregats: Man brauchte keinen Auto-Führerschein fürs Motocoupé, eine alte Roller-Fahrerlaubnis reichte. Auch in Frankreich gab es übrigens kurzzeitig Lizenz-Isetten: Von 1955 bis 57 baute die Firma Velam 7.000 Stück. Spitzname dort: »Pot de Yaourt«, Joghurtbecher.

Ein- und Aussteigen geht bei der Isetta sehr elegant. Die Tür nimmt beim Öffnen das Lenkrad mit, und mit einem kleinen Schritt und einer Drehung des Hinterteils sitzt man schon, bequem wie in einer Hollywoodschaukel. Noch eleganter: Die Tür wird nicht zugeknallt, sondern sanft verschlossen, mit einem Drehgriff wie beim Wohnzimmerfenster. Sehr praktisch sei auch, schmunzelt der Besitzer unseres Foto-Autos: »Ich bin immer das vorderste Auto im Stau.«

Gebaut von 1955 bis 1962, 160.000 BMW-Exemplare. Einzylinder-Viertakter, 250 oder 300 ccm, eingebaut vor dem rechten Hinterrad. 12 PS, Spitze: 85 km/h, 2,28 m lang, 350 kg schwer. 1957 kostete die 250 Export (mit Schiebefenstern) so viel wie 0,7 VW Käfer.

77_ Chevrolet Corvair Monza

Unsicher bei jeder Geschwindigkeit?

Groß. Nächstes Jahr ein bisschen größer. Das war im Wesentlichen die Entwicklungsrichtung im US-Automobilbau in den 1950er Jahren. Aber dann kamen aus Europa kompaktere Importwägelchen von Marken wie VW, Fiat oder Renault. Detroit merkte, dass man reagieren musste. Die meisten Firmen versuchten es auf die einfache Art: einen etwas kleineren Motor in ein etwas kleineres Auto zu bauen. Nur Chevrolet wagte es, einmal das ganze Konzept umzuschmeißen. Der Motor kam nach hinten, die Karosserie war selbsttragend – sogar die Reifen waren neuartig. Es gab keinen Chrom-Kühlergrill und schon gar keine Heckflossen. Wir präsentieren: den Corvair.

Der Rebell wurde gar nicht so schlecht aufgenommen. Vor allem das Design mit dem umlaufenden Knick entzückte viele. Er landete sogar auf dem Cover des »Time Magazine«. Mehrere Autos aus der Zeit, zum Beispiel der Fiat 1300 und der NSU TT, zeigen, wie europäische Designer die Linie kopierten. Doch dann kam Ralph Nader. Der Verbraucherschutz-Anwalt aus Hartford, Connecticut, schrieb 1965 ein Buch über die, seiner Recherche nach, zu unsicheren amerikanischen Autos. »Unsafe at Any Speed« war der Titel. Gefährlich bei jeder Geschwindigkeit seien manche Modelle, schimpfte er, vor allem Cabrios seien bei Überschlägen Todesfallen. Das Buch führte zu hysterischen Diskussionen, in den 70ern gab es deshalb einige Jahre lang gar keine neuen Cabrios aus den USA. Im ersten Kapitel ging es um den Corvair. Das Problem war die Kombination aus Heckmotor und altmodischer Hinterachse. Wenn man das nicht gewohnt war, konnte man bei schneller Fahrt ins Schleudern geraten, speziell wenn man sich nicht an die Vorgabe hielt, dass der Reifenluftdruck hinten viel höher sein musste als vorn. Nach Naders Bestseller sanken die Verkaufszahlen des Corvair auf die Hälfte, obwohl Chevrolet die Ursache bereits behoben hatte.

Knapp 1,8 Millionen Corvairs wurden in zehn Jahren gebaut. Wer heute einen hat, besitzt eine Design-Ikone – und hat es verdient, nicht auf Ralph Nader angesprochen zu werden. Fragen Sie lieber, ob Sie ein Stück mitfahren dürfen!

— Gebaut von 1959 bis 1969,
knapp 1,8 Millionen Stück.
Sechszylinder-Viertakt-Motor
im Heck, 2,4 l Hubraum,
88 PS, 150 km/h Spitze,
Gewichtsverteilung:
vorn 417 kg, hinten 744 kg.
1961 kostete das Coupé
so viel wie 3 VW Käfer Standard.

CORVAIR

78_ Citroën Traction Avant

Der Gangstercitroën

Zwei Sorten Grau und ein Schwarz. Das war im Wesentlichen die Farbauswahl, die Citroën für den Traction Avant anbot. Für manche Autos in unserer Sammlung wäre das problematisch, beim 7 / 11 / 15 CV sieht es allerdings so gut aus, dass man gar nichts vermisst. Am häufigsten fährt er bis heute in Schwarz herum. »Gangstercitroën« wird das Modell in Deutschland auch genannt. Dieses Image hat er sich durch unzählige Filmauftritte erarbeitet. Die tolle Straßenlage und der Frontantrieb, heißt es, hätten ihn zum perfekten Fluchtauto für Bankräuber und Kriminelle aller Art gemacht. Nun kann es ja sein, dass von der Dreiviertelmillion Exemplare, die gebaut wurden, ein paar vor der Polizei weggefahren sind, aber die meisten verrichteten ihren Dienst eher unauffällig – und brachten die Verkehrssicherheit voran, weil: Frontantrieb und Straßenlage!

Im Jahr 1934 kam das erste Modell der Traction-Avant-Reihe auf den Markt. Dass die Vorderräder angetrieben wurden, gab es sonst in kaum einem Serienfahrzeug. Auch in einigen anderen technischen Details war der Citroën äußerst modern, der Ingenieur hinter den vielen Neuerungen hieß André Lefèbvre. Ich will hier gar nicht mit Technik langweilen, sondern nur noch kurz die Belüftung erwähnen: Die Windschutzscheibe lässt sich unten ein Stück nach vorn kurbeln, sodass der Fahrtwind sanft ins Auto streichen kann.

Anders als bei den Lackierungen hatte man bei den Karosserieformen viel Auswahl. Es gab den Traction auch als Cabrio, Coupé, Lieferwagen und Pick-up, außerdem konnte man verschiedene Radstände bestellen. Unser Bild zeigt die kürzeste Variante, die längste misst einen halben Meter mehr, hat noch ein weiteres Seitenfenster und locker Platz für neun Leute.

In Deutschland wurden übrigens auch ein paar dieser Autos produziert. Die 1.800 Exemplare des »Citroën Front« entstanden in Köln-Poll. Das war Mitte der 1930er Jahre ein Weg, Einfuhrzölle zu umgehen. Bis 1957 gab es in Frankreich neue Tractions, sogar noch zwei Jahre nach Einführung der DS. Da sahen die Grauen aber schon ziemlich alt aus, zudem gab es die DS auch in Quietschbunt.

Gebaut von 1934 bis 1957, eine Dreiviertelmillion. Einzelradaufhängung vorn, Frontantrieb, Motoren von 1.300 bis 2.800 ccm, Vierzylinder im 7er und 11er, im 15 CV sind es Sechszylinder.

D
SG C 1954 H
Scheffler + Spicker GmbH · Solingen

79__Costin-Nathan GT

Klopf auf Holz!

Rahmen aus Holz waren bei Autos früher völlig normal. Karosserien aus Holz waren aber auch in der guten alten Zeit etwas Spezielles. Dieses Racing-Coupé hat Türen und Hauben aus Kunststoff, der Rest der Außenhaut ist aus lackiertem Sperrholz! Jeder, der neben einem Costin GT steht und das zum ersten Mal hört, muss mal vorsichtig mit dem Finger auf Holz klopfen, weil man das kaum glauben kann. Ab 1966 wurden sechs solche Rennwagen gebaut, dazu noch mal sechs ohne Dach. Frank Costin beschäftigte sich in den 1950er Jahren mit Aerodynamik, und zwar bei einem britischen Flugzeughersteller. Sein kleiner Bruder Mike arbeitete zur gleichen Zeit bei Lotus, der bekannten Sportwagenfirma, und holte Frank zu einem Projekt dazu. Später sollte Mike, gemeinsam mit einem Lotus-Kollegen namens Keith Duckworth, als Motorenbauer Furore machen. Die beiden Konstrukteure zogen ihre Nachnamen zu »Cosworth« zusammen und verhalfen Fahrern wie Graham Hill, Jackie Stewart und Jochen Rindt zu Rennsiegen.

Frank, der ältere Bruder, war weniger an Motoren interessiert als an der äußeren Form der Rennwagen. Außerdem spielte im Flugzeugbau natürlich auch Gewichtsersparnis eine große Rolle. Bei Lotus-Chef Colin Chapman war er da genau richtig. Dessen Motto lautete: »Mehr Motorpower macht dich auf den Geraden schneller, weniger Gewicht macht dich überall schneller.« Ein Ergebnis von Costins Mithilfe bei Lotus war der Mark VIII, der gerade mal 550 Kilo auf die Waage brachte. Nach seinem Engagement bei Lotus gründete auch Frank Costin eine Firma mit einem Kompagnon. Der hieß mit Nachnamen Marsh – und das Unternehmen der beiden entsprechend: Marcos.

Jetzt aber zu unserem Costin-Nathan, der Sperrholzflunder auf dem Foto! Sie hat einen Hillman-Imp-Motor (siehe Nummer 107), weil Costins Partner bei diesem Projekt, Roger Nathan, ein begnadeter Imp-Schrauber war. Nathan kümmerte sich um den Motor, Costin zimmerte den Rest drum herum. Das Resultat: weniger als 400 Kilo und eine höchst aufregende Form! Der Fahrersitz ist ebenfalls aus Sperrholz. Ungepolstert. Frank Costin hat das mit dem Leichtbau wirklich ernst gemeint.

__ Gebaut 1966 bis 1968, sechs geschlossene und sechs offene Rennautos. Motor von Hillman mit 1.000 ccm Hubraum und (nach Tuning) fast 100 PS.

40
DUNLOP

80__ DAF 31 »Daffodil«

Die Variomatic

Van Doorne's Automobiel Fabriek im niederländischen Eindhoven begann Ende der 1950er Jahre, Pkw zu produzieren. Recht bescheiden auftretende, sehr übersichtliche und bequeme Alltagsautos. Einmalig an ihnen ist vor allem die stufenlose Automatik. Sie funktioniert über einen Gummiriemen und eine Fliehkraftkupplung. Kurz gesagt: die »Variomatic« schaltet, ohne zu rucken – und man kann rückwärts genauso schnell fahren wie vorwärts. Diese Eigenschaft wurde eine Zeitlang für eine spezielle Art von Rennsport genutzt: »Achteruitrijden«, Rückwärtsrennen! Kein Witz, es gibt haarsträubende Videos davon.

Gedacht waren die DAFs zum entspannten Fahren, auch für ungeübte Fahrerinnen und Fahrer. Die erste Version von 1958 hatte zarte 20 PS und schaffte 90 Stundenkilometer. In den Jahren darauf wurden die Motoren kräftiger. Was blieb, war die Variomatic. Das Automatikgetriebe, das für diese preiswerte Fahrzeugklasse völlig exotisch war, sorgte aber auch für Spott. Wer nicht emsig an einem Schaltknüppel riss, den nahm die (männliche) Autowelt nicht ernst. Der DAF wurde als Auto für Kriegsversehrte und Leute, die nicht Auto fahren konnten (also: Frauen), bezeichnet. Dumme Sprüche konterten die DAF-Werke später mit sportlichen Modellen, sogar ein Formel-1-Auto mit der Gummiriemen-Automatik wurde auf die Räder gestellt! Es steht im DAF-Museum, das man besuchen sollte, wenn man mal in Eindhoven ist.

Einige Modelle der 60er Jahre bekamen den wortspielerischen Beinamen »Daffodil«. Das ist das englische Wort für die Narzisse. Unser Bild zeigt solch ein Daffodil, wie es sich gehört mit holländischem Kennzeichen – und Wohnwagen. Auto wie Caravan sind gleich alt, beide wurden 1964 gebaut. Der Wohnanhänger ist ein »Kip Krielhen«, ebenfalls ein Fabrikat aus den Niederlanden. Besitzer Simon lebt in der Nähe von Eindhoven. Seine private Sammlung umfasst 30 DAFs aller Art, und wenn man ihn fragt: »Wie kam es denn dazu?« Dann sagt er einfach: »Mein Vater hatte in den 60er Jahren so einen.« Ja, logisch. Wie es eben immer so losgeht mit der Autosammelleidenschaft …

__ Von 1961 bis 1965 23.000-mal hergestellt. Länge: 3,68 m, Zweizylinder-Viertakter mit 750 ccm und 26 PS, vollautomatisches Keilriemengetriebe. 1962 kostete ein Daffodil so viel wie 1,2 VW Käfer.

ES-44-84

81 Fiat 600 Multipla

Volare! (Nel blu dipinto di blu)

Der erste Minivan der Welt war mehr mini als Van, aber dennoch seiner Zeit weit voraus. 1956 stellte Fiat seinem Erfolgsmodell 600 eine sehr eigenwillig geformte, vergrößerte Variante zur Seite. Multipla nannten sie das Gerät, und es sollte gut sein, um eine italienische Familie samt Großmutter zu transportieren, also sechs Personen. Auf dreieinhalb Metern Gesamtlänge! Der Radstand blieb gleich wie beim normalen 600, das Motorabteil ist auch das gleiche. Aber die Fiat-Tüftler schafften es, drei Sitzreihen in dem Auto unterzubringen. Der Frontkofferraum entfiel, dafür rückten die Vordersitze so weit wie möglich nach vorn. Wer braucht schon eine Knautschzone, wenn er eine elegante Chromstoßstange vier Zentimeter vor den Füßen hat?

Auf also zum Verwandtenbesuch aufs Land! Der Fahrer fädelt seine Füße – die besser nicht zu groß sein sollten – um die Lenksäule herum, auf dem Beifahrerplatz arrangiert man seine Knie irgendwie mit dem Reserverad ... und in den beiden hinteren Reihen geht‘s sogar noch besser. In der letzten Reihe – ich hab‘s probiert – fühlt man sich wie in einem richtig großen Wagen! Schiebefenster lassen Luft herein, statt Radio singen Mamma und die Bambini was Schönes (»Voolaaaare!«). Mit all diesen Passagieren, den Koffern und der Panettone-Schachtel auf der Hutablage quälten sich in der ersten Version ganze 19 PS ab (später wurden es 29). Der Motor sitzt ganz hinten, wenigstens er hat wirklich Platz.

Wirklich zukunftsweisend war die Idee, dass man alle vier hinteren Einzelsitze blitzschnell zu einer glatten Ladefläche umklappen konnte. Damit wurde in wenigen Sekunden aus der Familienkutsche ein kleiner Lastwagen. Der nächste schlaue Schachzug der Fiat-Leute war, eine Taxiversion anzubieten. Statt dem Beifahrerplatz hatten die Taxis ein Kofferabteil und ein riesiges Taxameter, hinten gab es Klappsitze für vier. Im Unterhalt unschlagbar billig, dazu schmal und wendig in der Großstadt, wurde der Multipla zum Liebling der Taxifahrer – und zum Verkaufsschlager. Und natürlich zum Urahn aller heutigen Familien-Vans.

Gebaut von 1956 bis 1967,
240.000 Exemplare.
Vierzylinder, 600 ccm, ab 19 PS,
6 Sitze, Länge: 3,53 m,
Breite: 1,45, Höhe: 1,56 m,
Gewicht: 700 kg.
0 auf 80 in 44 Sekunden,
bei 95 km/h ist Schluss.
1956 entsprach der Neupreis:
1,3 VW Käfer Standard.

TAXI
NE 0757
TAXI

TARIFFA
SUPPLEMENTI
PREZZO DELLA CORSA
SOCIETA NOLEGGIO TASSAMETRI
1956
DICEMBRE

— Gute Idee, um ein Auto bekannter zu machen: als Taxi rausschicken!

82__ Ford Fairlane 500 Skyliner

Retractable Hardtop

Als im Herbst 1956 der neue Ford Fairlane als Cabrio bei der »Automobile Show« in New York vorgestellt wurde, saß ein Weihnachtsmann drin. So richtig passend war das nicht, denn einen großen Geschenkeberg konnte er mit diesem Schlitten nicht transportieren. Der Kofferraum war für etwas anderes gut: Das komplette Dach ließ sich darin verstecken. »Retractable Hardtop« nannte Ford die Technik, die natürlich voll elektrisch funktioniert – und ungefähr eine Dreiviertelminute dauert.

Zunächst öffnet sich am Heck eine riesige Klappe. Dann hebt sich das gesamte Blechdach nach oben und schwebt nach hinten. Das vorderste Stück klappt sich dabei grazil ein. Ist das Hardtop komplett versenkt, schließt sich der Deckel wieder, und aus dem Coupé ist ein Cabrio geworden. Ein fast fünfeinhalb Meter langes, dessen Rest-Kofferraum dann noch für zwei Sporttaschen reicht.

Versenkbare Blechdächer, wie man sie heute zum Beispiel vom Mercedes SLK kennt, waren damals schon nicht mehr ganz neu. Peugeot hatte 20 Jahre zuvor schon mal ein ähnliches Komfort-Dach im Programm gehabt. Trotzdem kann man sich faszinierter Zuschauer sicher sein, wenn man die Elektromotoren im Fairlane losschnurren lässt und das Klappenballett beginnt. Ein bisschen peinlich wird es, wenn die gigantische Haube am Ende partout nicht wieder runterklappen will – wie das bei unserem Fototermin passierte. Gelassenheit hilft. Das Ganze noch mal von vorn, und am Ende klappt's auch mit der Klappe. Überhaupt bringt einen bei solch einem Wagen kaum etwas aus der Ruhe. Man sitzt bequem, egal wie viele Leute mitfahren. Und um einen herum sieht einfach alles gut aus! Armaturenbrett, Schalthebel und Lenkradspeichen sind genauso knallrot wie der Lack außen. Die Rückleuchten sind im Raketendesign gestaltet, bald geht's auf zum Mond (unser Fotomodell in der edlen »Galaxie«-Ausführung ist von 1959). Der obligatorische Achtzylinder bollert vorn vor sich hin und leistet 200 PS. Und der Verbrauch? Geht so, meint kichernd der Besitzer: »Drei Liter … pro Zylinder!«

__ Gebaut von 1957 bis 1959, knapp 50.000 Stück.
V8, 200 PS, 4,8 l.
Klappdach-Vorläufer: Peugeot 402 Eclipse.
1957 kostete ein Fairlane mit festem Dach so viel wie 4 VW Käfer, das Retractable Hardtop kam auf 300 $ extra.

Skyliner

83_ Goliath GD 750

Bremen gegen Hamburg

Dreirädrige Lieferwagen gab es schon länger. (Die ganze Autogeschichte hatte ja schon mit einem Dreirad angefangen!) In den 1950er Jahren bekam das Konzept »Vorn eins, hinten zwei« aber noch mal Konjunktur. Kleine, möglichst günstige Fahrzeuge zum Ausliefern von Lebensmitteln und vielen anderen Waren wurden dringend gebraucht. Mehrere Marken versuchten, diesen Bedarf zu stillen, verfolgten aber unterschiedliche Ideen. Der »Tempo« aus Hamburg zum Beispiel hatte ein angetriebenes Vorderrad. Aus dem Hause Borgward in Bremen kam der »Goliath«. Er sah fast gleich aus, allerdings brachten die Hinterräder die Kraft auf die Straße. Viel Power entwickelte der Zweitakter freilich nicht: Ungefähr 14 PS waren das Maximum beim GD 750, damit schaffte man vielleicht Tempo 60. Da fragt man sich schon, ob der Name Goliath angemessen war … Borgwards Urmodell hieß »Blitzkarren«, das war 1924 gewesen. War auch ein cooler Name.

Die vielen Spezialausführungen des Nachkriegs-Goliaths – es gab 24 Versionen – passten zum Bedarf: Es gab ihn als Hoch- und Tieflader, mit Pritschen-, Kasten- und Kofferaufbau, wie auf unserem Foto. Mit dem Bosch-Blitzkarren wurden übrigens nicht immer schon Zündkerzen transportiert, in seinem ersten Leben, 1954, war er ein Bäckergoliath. In späteren Baujahren wurden die Goliaths vorn etwas breiter, das 55er-Modell hieß »Goli«, aber inzwischen hatte die Produktion des VW Transporters richtig Schwung aufgenommen, da konnten die Dreiräder nicht mithalten. Jedenfalls nicht bei uns: Die »Ape« von Piaggio, die es ab 1956 mit Fahrerhaus gab, bestimmte in Italien viel länger das Straßenbild.

Als Oldtimer sieht man bei uns nur ganz selten eines der norddeutschen Dreiräder auf den Straßen. Woanders schon: Das Modell von Tempo wurde so erfolgreich nach Indien exportiert, dass man nach Produktionsende die Werkzeuge dorthin verschiffte, und unter dem Namen Bajaj Tempo weiter »Three Wheeler« in der alten Form baute. Bis zum Jahr 2000! Also Obacht, wenn Ihnen jemand ein gut erhaltenes Tempodreirad anbietet, ohne Papiere, mit Lenkrad rechts: Kann sein, dass das noch gar kein Oldtimer ist.

___ Gebaut von 1949 bis 1955, 30.000 Goliath 750. Hinterradantrieb und Frontmotor mit 400 ccm Hubraum, Nutzlast: 750 kg. 1950 entsprach der Neupreis: 0,8 VW Käfer Standard.

T 7
S5
T6
T4
S3
T2
T1
S7
Rauchen
verboten
BOSCH
GOLIATH
Bosch
DIENST

84_ Maserati Quattroporte

Der Viertürer

Einfach zwei Türen mehr nahmen die Maserati-Macher, und schufen damit eine ganz neue Fahrzeugklasse. Im Herbst 1963, auf dem Autosalon in Turin, stellten sie den »4 Porte« vor. Messestände waren damals noch nicht sehr aufwendig gestaltet, die meisten neuen Autos standen einfach so in der Halle. Für den »Tipo AM 107« lieh die Maserati-Crew aber extra bei einem Turiner Teppichhändler noch einen bunten Perser zum Drunterlegen. Schick! Wäre aber nicht nötig gewesen: Das extravagante Design von Pietro Frua zog die Blicke auch so an. Der nächste Check galt dann dem Schildchen mit der Höchstgeschwindigkeit: 230 Stundenkilometer. So schnell war sonst kein Viertürer, das merkte die prominente Kundschaft sofort.

Die Schicht der Superreichen – und man musste viel Spielgeld haben, um solch ein Auto neu zu kaufen – war in den 1960ern nicht groß. Europäische Industrielle, gekrönte Häupter, Filmstars, Ölscheichs … eine überschaubare Szene. Anders als heute fiel zum Beispiel China als Markt völlig aus, nach Russland gelangte genau ein Quattroporte. Den fuhr Leonid Breschnew. In Europa zeigten sich Leute wie Peter Ustinov, Marcello Mastroianni und der Fürst von Monaco gern in Maseratis neuer Limousine. Entsprechend exklusiv waren die Stückzahlen für ein Auto, das zu den teuersten überhaupt zählte. Gebaut wurden in fünf Jahren wohl etwas über 750 der Viertürer, und zwar überwiegend in Handarbeit. Das sorgt heute dafür, dass Restaurationen anstrengend sind, weil man viel anpassen muss und wenig aus dem Regal ziehen kann. Die Investition beim Verkauf wieder reinzukriegen, ist dann das nächste Problem. Gerhard Reinecke führt ein Register aller gebauten Quattroporte (tipo107.com), verfolgt die Maserati-Preisentwicklung mit Argusaugen und hat eine einfache Gleichung: Preis für Cabrios minus die Hälfte = Preis für Coupés. Davon wieder die Hälfte: Preis für Viertürer. Diese Faustregel gilt nicht nur für Maseratis, sondern auch für viele andere Oldtimermodelle. Erhaltungszustand und Historie können natürlich für deutliche Abweichungen sorgen. Trotzdem: Wer sich gerade in unseren celeste-blauen Foto-107 verliebt hat, wird's gern lesen.

Gebaut von 1963 bis 1970.
776 Exemplare.
Achtzylinder, 4,1 l Hubraum, später 4,7 l mit 290 PS.
Länge: 5 m, Höhe: 1,36 m.
Verbrauch: 13 bis 15 l.
1967 entsprach der Neupreis: ungefähr 18 VW Käfer.

85__Messerschmitt KR 175

Der Kabinenroller

Wer hat eigentlich gesagt, dass man beim Autofahren immer nebeneinander sitzen muss. Hintereinander ist doch auch schön. Im Segelflugzeug reist man so, und im Messerschmitt eben auch! Es ist kein Zufall, dass hier vieles an ein Flugzeug erinnert. Haben Sie das »Lenkrad« gesehen? Fritz Fend, der den Kabinenroller erfunden hat, hatte vorher Flieger für die Firma Messerschmitt entwickelt. Aber nach dem Zweiten Weltkrieg gab es in Deutschland keine Flugzeugindustrie mehr. Fend tüftelte daher freiberuflich an einem einfachen Fahrzeug für Kriegsversehrte und verbesserte es in mehreren Ausbaustufen immer mehr. 1952 hatte er seine Erfindung serienreif. Fends Ex-Arbeitgeber bot sich als Hersteller an, und so wurde aus Messerschmitt ein Autohersteller.

Vorn hat das Gefährt zwei Räder, hinten nur eins. Das wird von einem winzigen Motörchen angetrieben. Neun PS hatte der erste Kabinenroller, die Insassen wurden gern »Menschen in Aspik« genannt, weil sie so ulkig unter der Plexiglashaube saßen. Ja, es war einfach, sich über Karo-Fahrer lustig zu machen, aber sie blieben wenigstens trocken, wenn auf dem Weg zur Arbeit ein Regenguss kam. Außerdem kostete der KR 175 nur gut halb so viel wie ein Käfer, und er verbrauchte auch nur die Hälfte. Durch den minimalen Luftwiderstand war er auch noch verblüffend schnell.

Unbequem ist die Fahrt keineswegs. Vorn sitzt man sportlich-fliegerisch in der Mitte und muss sich nur mit dem Schaltsystem vertraut machen, das wie beim Motorrad funktioniert. Genau wie beim Motorrad gibt es übrigens auch keinen Rückwärtsgang. Zum Rangieren muss man entweder aussteigen oder man schaltet den Motor aus und lässt ihn – mit einem kleinen Trick – andersherum wieder an. Theoretisch hat man nun vier Rückwärtsgänge ... schieben ist einfacher. Als Beifahrer fädelt man die Beine rechts und links am Fahrer vorbei und hat dann eigentlich recht viel Platz. Es sollen Menschen im Karo quer durch Europa gereist sein. Mit dem Niedergang der Kleinstwagen war irgendwann auch für dieses Rollermobil Schluss, 1964 enterte die letzte fahrende Käseglocke die Straßen.

___ Gebaut von 1952 bis 1964, ungefähr 50.000 Stück. Einzylinder-Zweitaktmotor mit 175, später 200 ccm und maximal 10 PS. Höchstgeschwindigkeit: 90 km/h, 2,82 m lang, 1,20 m hoch, Gewicht: 230 kg. 1955 entsprach der Neupreis: 0,6 VW Käfer Standard.

K RO 48

___ Im Flugzeug bräuchte man wohl mehr Instrumente …

86 NSU Wankel Spider

Die Wankel-Story

Der Mann war zu kurzsichtig, um je einen Führerschein zu bekommen, und hatte das Gymnasium wegen Problemen mit Mathe und Physik vorzeitig verlassen. Nicht gerade glänzende Voraussetzungen, um später einen der elegantesten Automotoren zu erfinden, aber Felix Wankel schaffte es trotzdem. Schon in den 1920er Jahren trug er sich mit der Idee, einen Motor mit weniger Vibrationen zu bauen. In einem Hinterhof in Heidelberg bastelte er damals an Maschinen herum, unter anderem an einem motorisierten Dreirad namens »Teufelskäfer«. Es vergingen aber noch 30 Jahre und unzählige Anläufe, mit Auto- und Flugzeugherstellern zusammenzuarbeiten, bis der Durchbruch da war: 1957 lief der erste Drehkolbenmotor! Er steht heute im Deutschen Museum in Bonn.

Wankels Partner in der Industrie war zu diesem Zeitpunkt NSU. Die Firma hatte um 1960 ein Problem mit sinkenden Motorradverkäufen – dem Kerngeschäft bis dahin. Ein attraktives Automodell musste her. Die Neckarsulmer passten den Wankelmotor ihren Vorstellungen an und brachten schließlich 1964 das erste Auto mit dem neuen Antrieb heraus: ein knuffiges Cabrio mit zwei Sitzen und einem Kreiskolbenmotor hinten. Auf den ersten Blick findet man den übrigens gar nicht. Unter der Haube vorn: ein Kofferraum. Und unter der Heckklappe: ebenfalls! Erst wenn man ein weiteres Blech unter dem hinteren Gepäckfach hochhebt, kommt darunter der flache Motor zum Vorschein. Zu hören ist er aber gut, der Sound ist unverwechselbar.

Fast alle Wankel Spider wurden in Rot oder Weiß ausgeliefert, insgesamt 2375 Exemplare. Erhofft hatte man sich noch wesentlich mehr – der Aktienkurs von NSU war geradezu explodiert, als es losging. Aber die Käufer mussten sich ja doch immer als Testfahrer fühlen, und natürlich hatten die Motoren auch mit Kinderkrankheiten zu kämpfen. Das drückte die Verkäufe. Erstaunlich viele dieser Ur-Wankel haben dennoch überlebt: Der Wankel Spider Club Deutschland schätzt, dass wohl noch über 700 davon existieren. Wankel selbst tüftelte übrigens bis ins hohe Alter weiter an »seinem« Motor.

Gebaut von 1963 bis 1967, genau 2375 Exemplare. Kreiskolbenmotor mit einem Kammervolumen von 500 ccm, Wasserkühlung, 50 PS. 0 auf 100 in 15 Sekunden, Spitze: 154 km/h, Gewicht: 700 kg, Länge: 3,58 m, Höhe: 1,30 m. 1964 entsprach der Neupreis: 1,3 VW Käfer Cabrio.

GL KL 93H

87_ Peel P50

Der Kleinste

Gegen das kleinste in Serie gebaute Auto der Welt ist der Mini ein Monster, die Isetta ein Riese und der Fiat 500 ein Panzer. In England, genauer gesagt auf der Isle of Man, entstand Anfang der 1960er Jahre der Peel P50. Es ist ein Einsitzer mit drei Rädern und einem Tragegriff am Heck. Die Karosserie ist aus Kunststoff, verfügt über eine Tür links und einen Scheinwerfer vorn. In einen Peel einzusteigen, ist etwa, wie wenn man von der Seite her in einen geschlossenen Umzugskarton kriecht. Drin zu sitzen und nicht lachen zu müssen, ist völlig unmöglich, außer vielleicht man hat ein Spezialtraining hinter sich, wie diese Bärenmützen-Wachmänner vor dem Palast in London.

Das Exemplar auf unserem Bild wurde vom Besitzer vor ein paar Jahren in einem VW-Bus nach Hause überführt und, weil gerade Weihnachten war, unter den Christbaum gestellt. Machen Sie das mal mit einem anderen Auto! Der Motor ist neben dem rechten Knie untergebracht, vom Fahrer getrennt durch eine dünne Schicht GFK. Wenn er angelassen wird, entfaltet sich im Inneren ein höllischer Lärm, denn es gibt selbstverständlich keinerlei Dämmung. Es gibt auch sonst nichts: keine Heizung, kein Radio, keinen Rückwärtsgang. Dann fährt man los. Von den anderen Autos sieht man die Felgen und die Stoßstangen, von den Radfahrern die Waden, von den Fußgängern die Einkaufstüten – und alle überholen einen. Aber immerhin: Man ist Autofahrer!

Die englische Autosendung »Top Gear« setzte den 1,98 Meter großen Moderator Jeremy Clarkson einst in einen Peel. Man kann sich das im Internet anschauen. Er fährt zunächst durch London, dann nimmt er das Auto mit ins Büro und tuckert damit durch die Gänge. Am Ende sitzt er in einem Meeting (Thema: Umweltschutz im Büroalltag), ohne auszusteigen. Nur beim Verlassen des Aufzugs hat er Probleme. Ohne Rückwärtsgang muss er sich von einer genervten Nachrichtensprecherin rausschieben lassen – der er dann, dank seiner neuen Sichthöhe, gleich ein Kompliment für ihren Hintern machen kann. Unverschämt gutes Auto – aus einer anderen Zeit!

— Gebaut von 1961 bis 1963, aber wohl nur 50 Stück. 49-ccm-Motor mit 4 PS, schafft Tempo 60. 1,34 m lang, 98 cm breit, 1 m hoch, Gewicht: 56 kg. 1962 entsprach der Neupreis einem halben VW Käfer.

88_ Tatra 97

Der tschechische Vor-Volkswagen

Diese extravagante und heute sehr seltene Stromlinien-Limousine kommt aus Tschechien. Es hätte sein können, dass daraus eines der häufigsten Autos der Welt geworden wäre … und ein bisschen ist es auch so. Schon Anfang der 1930er Jahre begann Tatra-Chefkonstrukteur Hans Ledwinka, mit dem Konzept »luftgekühlter Heckmotor plus aerodynamische Form« zu experimentieren. Der Tatra 77 war das erste Ergebnis, er sah schon ganz ähnlich aus wie unser 97er auf dem Bild.

Eine weitere Ähnlichkeit fällt vielen auf: die zum VW Käfer. Das ist kein Zufall. Ferdinand Porsche und Ledwinka kannten sich, und Porsche kannte auch den Tatra, als er für Hitler seinen »Volkswagen« entwickelte. Hitler selbst übrigens auch, er hatte das Design öffentlich gelobt, so etwas wollte er auch! Aber bei den Nazis musste es selbstverständlich eine deutsche Konstruktion sein, die über ihre Autobahnen rollte. So durfte Porsche den luftgekühlten Heckmotor-VW bauen – und den Tschechen wurde 1939, mit dem Einmarsch der Deutschen, sofort die Produktion des Tatra verboten.

Damit könnte die Geschichte dieser besonderen Autos zu Ende sein. Aber nach dem Krieg gab es wieder Tatras. In Stromlinienform, mit luftgekühltem Achtzylinder. Sie hießen »87« und, etwas kleiner, »Tatraplan«. Doch wieder grätschte die Politik dazwischen. Die sozialistische Planwirtschaft der Tschechoslowakei verdonnerte das Werk dazu, Lastwagen statt Luxuskarossen zu bauen, und 1952 war gleich wieder Schluss mit Extravaganz. Ein paar Jahre vergingen, dann merkte die Staatsführung: Verflixt, jetzt fehlen repräsentative Regierungslimousinen! Der Typ 603 entstand. Der verzichtete auf die tolle Heckflosse (was bei Seitenwind aber sehr erleichternd war), und sah von vorn mit seinem Drei-Scheinwerfer-Gesicht ein bisschen nach Autoscooter auf dem Jahrmarkt aus. Bild: bitte umblättern! Mit diesem Modell ging es durch die 60er Jahre, jedenfalls für Parteibonzen im In- und befreundeten Ausland. Großes Aufsehen erregen die tschechischen Limos auf Oldtimertreffen. Alle rätseln dann, was das ist. Jetzt wissen wir‘s: Das fast vergessene Vorbild aller Volkswagen.

— Der Tatra 87 wurde bis 1950 gebaut, das Vierzylinder-Modell Tatra 600 (Tatraplan) noch bis 1952. Erst 1956 erschien der 603, als Achtzylinder mit 2.500 ccm. Zum Neupreis gehörte ein Parteiamt, er lässt sich daher nicht in VW Käfer umrechnen.

Dieses Exemplar hat keine Ostblockhistorie: Als Messe-Fahrzeug in Belgien ausgestellt und einfach dageblieben, verschönert dieser Tatra 603 von 1960 heute Frankreich.

TATRA
AV 512 NA

89 Zündapp Janus

Zweimal erste Reihe

Dieses Auto ist von 1958. Sein Besitzer ist noch ein paar Jahre älter – und ein wandelndes Zündapp-Lexikon. Kurt Oberdörster aus Schönenberg, in der Nähe von Bonn, durfte schon mit zwölf Jahren auf dem Zündapp-Motorrad seines Onkels über die Feldwege in der Gegend donnern. Da hat's ihn erwischt, das Zündapp-Fieber, und seither nicht mehr losgelassen. Zunächst hatte er nicht so viel Zeit für das Hobby, als Landwirt mit einem Stall voll Kühen und 1.000 Hühnern ist Freizeit rar. Aber als die Kühe verkauft waren, weil sich die Landwirtschaft nicht mehr lohnte, gab es plötzlich Platz. Und ein bisschen Zeit auch. Und heute steht statt der 20 Rindviecher eine picobello Zündapp-Komplettsammlung (ab Baujahr 1922) im Stall. Mittendrin: der Janus.

Vorn eine Tür und zwei Sitze – wie bei der Isetta. Aber hinten öffnet sich noch mal die gleiche Tür! Wer da reinsteigt, fährt rückwärts mit! Rücken an Rücken sitzt man, total bequem und mit Beinfreiheit ohne Ende, und schaut an der Ampel den dahinter Wartenden ins Auge. Es war eine kühne Kleinwagen-Idee, die die Zündapp-Werke da verwirklichten, allerdings 1957/58 schon ein bisschen zu spät. Das kuriose Gefährt konnte nur knapp 7.000-mal verkauft werden. Vielleicht hatte es auch damit zu tun, dass die Geräuschkulisse im Janus schon heftig ist. Der kleine Zweitaktmotor ist nämlich in der Mitte, zwischen den Rückenlehnen, eingebaut. Völlig ungedämmt lärmt das 16-PS-Motörchen in einer Blechkiste vor sich hin. Kurt Oberdörster legt beim Fahren immer eine dicke Wolldecke drauf, aber viel nützt das auch nicht. Der Vorteil: Wenn es mal was zu reparieren gibt, kann man das im Wagen-Inneren erledigen.

Viel kann eh nicht kaputtgehen. Der Fahrer hat drei Schalter vor sich: Licht, Blinker, Scheibenwischer. An Instrumenten findet sich ein Tacho, optimistisch bis 100 beschriftet, das war's. Ach so, ein technisches Merkmal ist auch noch speziell: das hintere Lenkrad in der zweiten Tür. Damit lässt sich aber nicht wirklich lenken, das gibt es nur, damit es den Kindern auf dem Rücksitz nicht langweilig wird.

In den Jahren 1957 und 1958 7.000 Exemplare gebaut. Einzylinder-Zweitaktmotor mit 250 ccm Hubraum. 14 PS, Länge: 2,86 m, Höchstgeschwindigkeit: 85 km/h. 4 Sitze, 2 vorwärts und 2 rückwärts, 2 Türen. 1957 entsprach der Neupreis: 0,8 VW Käfer Standard.

Janus 250

Kennen Sie alle Autos
in diesem Kapitel?

UNBEKANNTE STARS

90__Alfa Romeo BAT

Drei Aerodynamik-Studien

Wenn Autofirmen träumen … dann entstehen Concept Cars, sogenannte Studien. Losgelöst von Kundenwünschen und Kostenkalkulationen dürfen Designer und Konstrukteure sich mal so richtig austoben. Dabei kommen teilweise wunderschöne Autos heraus, manchmal auch eher wundersame Gefährte: Zukunftsflitzer mit Glaskuppeln für die Passagiere; Autos, die aussehen, als würden sie die ganze Zeit rückwärtsfahren; gern auch aerodynamische Wunderwerke, die eigentlich völlig unfahrbar sind.

Ein solches Traumauto war die »Berlina Aerodinamica Tecnica«, und das gleich in drei Auflagen. Es begann im Herbst 1952: Der Designer Franco Scaglione bekam von Alfa Romeo den Auftrag, für den Frühjahrs-Salon in Turin ein Showcar zu entwerfen. Scaglione hatte sich mit Luft- und Raumfahrttechnik befasst (außerdem mit Damenmode) und betrieb nun in Turin ein Studio für Design. Er zeichnete eine Form, der man das aufkommende Raumfahrtzeitalter ansieht. Zum futuristischen Look mit den eingedrehten Heckflossen und der rundlichen Pilotenkanzel kam beim »BAT 5« ein sensationell geringer Luftwiderstand, besser als viele heutige Sportwagen. Im Unterschied zu anderen Konzeptfahrzeugen war Scagliones Alfa sogar gut fahrbar. Nach der Messe wurde er verkauft und nahm in den USA am normalen Straßenverkehr teil. Außerdem war sein Foto in allen Zeitschriften, sodass Alfa fürs nächste Jahr gleich ein weiteres Exemplar anforderte. Die Nummer zwei (»BAT 7«) wurde erst so kurz vor dem Salon fertig, dass Scaglione und Karosseriebauer Nuccio Bertone damit höchstpersönlich in letzter Minute zum Showgelände heizten.

Das Problem mit den Studien war, dass niemand sie als Alfa Romeo erkannte. Als Werbemittel war das unbefriedigend. Für 1955 kam darum bei der dritten Auflage ein kleiner Alfa-Kühlergrill an die Front. Auch dieser Wagen ging nach der Show in die USA. Einer der späteren Besitzer ließ an seinem BAT-Mobil die Heckflossen kürzen, weil sie die Sicht einschränkten. Wahr gewordene Träume sind eben nichts für jeden! Später wurde das Auto wieder in den Originalzustand versetzt, heute stehen alle drei bei einem Sammler.

__ Gebaut in den Jahren 1952 bis 1954: 3 Stück. Basis: Alfa 1900 mit 80 PS, Vierzylinder-Viertakter. cw-Wert des BAT 5: 0,21, beim BAT 7 sogar 0,19. Im Jahr 2020 erzielten die drei Studien zusammen bei einer Auktion einen Preis von 14,8 Mio. Dollar.

91__BMW 1600 GT

Der BMW, der eigentlich ein Glas war

»Verehrte gnädige Frau, sehr geehrter BMW Freund! Der BMW 1600 GT – seine Sicherheit und Kraft, seine sportliche Eleganz gehören jetzt Ihnen.« So begrüßte die Betriebsanleitung 1967 die frischgebackenen GT-Besitzer:innen. Frauen wurden direkt angesprochen – wie modern! Doch leider hatte der »reinrassige Gran Turismo« bei BMW kein langes Leben. Nur ein Jahr lang wurde er gebaut.

Drehen wir die Zeit ein Stück zurück. 1961: Andreas Glas lernt auf der Automesse in Frankfurt den italienischen Designer Pietro Frua (siehe Nummer 63) kennen. Glas ist Juniorchef in dem Familienbetrieb in Dingolfing, der bereits das Goggomobil herstellt. Inzwischen lässt die Nachfrage nach den Mini-Autos nach, dafür wächst die Modellpalette. Frua erhält den Auftrag, einen GT-Sportwagen zu zeichnen, der schon zwei Jahre später stolz enthüllt wird. Der »Glas 1300 GT« sieht schick aus und spricht im Verkaufsprospekt die »Liebhaber temperamentvoller, rassiger Sportwagen« an. (Hier wird auf die Frau als Käuferin noch verzichtet.) In Dingolfing freut man sich über den Erfolg – und will mehr! Eine Limousine mit V8-Motor wird projektiert. Wieder macht sich Frua ans Werk. Diesmal lässt er sich stark von seinem eigenen Maserati Quattroporte (siehe Nummer 84) inspirieren, was dem V8-Glas zu seinem Spitznamen verhilft: »Glaserati«.

Leider kosten die Neuentwicklungen und die aufwendige Fertigung viel Geld – mehr, als man mit dem Verkauf wieder hereinholen kann. Glas gerät in Finanznot, die Rettung kommt aus München: BMW übernimmt 1966 die Firma samt Modellen und Mitarbeitern. Für den GT bedeutet das: Das Auto wird weiterhin gebaut, bekommt aber ein BMW-Logo samt Niere vor den Bug und einen 1600er BMW-Motor implantiert. Solch ein BMW 1600 GT ist auf unserem Bild zu sehen. Bedauerlich für Glas, dass die BMW-Manager mehr Interesse an den Glas-Fabrikhallen haben als an den Glas-Autos. Sie brauchen Produktionskapazitäten, weil die eigenen Neue-Klasse-Modelle sich so gut verkaufen. Die GTs laufen eher nebenher. So kommt nach nur einem weiteren Jahr das Aus für diesen Dingolfinger Traum vom schnellen Auto.

__ Gebaut als Glas GT von 1964 bis 1967 (5.600-mal) und als BMW 1600 GT noch 1.200-mal bis Sommer 1968. Länge: 4 m, Höhe: 1,30 m. 1967 entsprach der Neupreis: 3 VW Käfer 1300.

GL GT 25H

92__ Ford Edsel Ranger

Ein schöner Flop

Der »Edsel-Award« wurde bei der Computerfirma IBM in den 60er und 70er Jahren vergeben, und zwar an den unfähigsten Vertriebsmitarbeiter des Monats. Der bekam einen auf einer Holzplatte befestigten Edsel-Kühlergrill über den Schreibtisch gehängt. Ein Negativpreis. Wenn man sich das Auto hier rechts anschaut – ist doch eigentlich ganz hübsch. Was war das Problem beim Edsel?

Wir blenden zurück ins Jahr 1957. Ford in den USA wollte ein Auto für Käufer platzieren, die etwas mehr Geld ausgeben konnten, als der normale Ford kostete. Das Management beschloss, dafür eine neue Marke zu gründen. Die brauchte einen Namen, also beauftragte man zunächst einmal eine Agentur, Ideen zu erarbeiten. Mehrere tausend Vorschläge später war immer noch nichts dabei. Nächster Anlauf: Die Dichterin Marianne Moore wurde gefragt. Auf ihrer Liste standen Sachen wie »Intelligent Bullet«, »Pastelogram« und »Utopian Turtletop«. Ebenfalls unbrauchbar. Irgendwann entschied dann der Vorstandsvorsitzende höchstpersönlich: Wir nehmen den Namen des verstorbenen Sohns von Henry Ford! Der hieß Edsel. Wahrscheinlich wäre Turtletop noch besser gewesen, aber nachdem schon die Namensfindung so verkorkst gewesen war, setzte die Ford-Designabteilung locker einen drauf: Im Bestreben, den Edsel möglichst von allen anderen Autos abzuheben, packten sie einen Kühlergrill an die Front, der zusammen mit dem leicht klitoral wirkenden Emblem oben in der Mitte … nun ja … wirkte wie aus einem Anatomielehrbuch für den Aufklärungsunterricht. Vor der Präsentation wurde ein gigantisches Werbe-Feuerwerk abgebrannt, das die Erwartungen bei Händlern und Kunden extrem steigerte. »An entirely new kind of car« werde bald da sein. Dann kamen die Edsels (in 18 Modellvarianten!) in die Schaufenster – und niemand wollte einen. Nach vier Jahren war die Marke Geschichte.

So kam dieses nette Auto zu seinem katastrophalen Image. Dabei fährt es eigentlich ganz prima. Die Automatik schaltet per Knopfdruck, und heute sind die Meisten überrascht, wie gut der Wagen ist, von dem sie so viel Schlechtes gehört haben.

— Die Marke Edsel existierte von 1957 bis 1960. Gebaut wurden etwas mehr als 100.000 Fahrzeuge. Die Kosten dafür werden auf eine Viertelmilliarde US-Dollar geschätzt – umgerechnet auf 2020: über 2 Billionen Dollar.

NE WM 5H

93_ Facel Vega HK 500

Eine teure Idee

Als ich den HK 500 in Fotoposition rangiere – eine Operation, die mangels Servolenkung äußerst schweißtreibend ist –, kommt ein Mann zu mir. Er ist ganz aufgeregt. »Facel Vega!«, ruft er. »Der war in meinem ersten Autoquartett!« Na, in diesem Quartett war der Facel sicher ein guter Stich, unschlagbar vor allem im Bereich Hubraum: 6,3 Liter waren kaum zu toppen in Europa. Dieser riesige Achtzylinder liegt schwer auf der Vorderachse und sorgt eben auch dafür, dass man das dünne Lenkrad beim Parken oder in langsamer Fahrt kaum drehen kann.

Alles andere am Facel Vega ist vor allem elegant. Die Form entwarf der Chef des Hauses, Jean Daninos, selbst. Das lederne Interieur mit der breiten Mittelkonsole (womöglich die erste richtige Mittelkonsole überhaupt!) … die vielen unbeschrifteten Chromknöpfchen, die alles Mögliche ein- und ausschalten … die Rückleuchten, deren Licht man zwar kaum sieht, die aber ideal ins Design fließen … und der unbestrittene Gipfel: das Armaturenbrett, das auf den ersten Blick aussieht, als sei es aus Edelholz. Erwartet man ja auch so. Das war Daninos aber zu öde. Deshalb ist es aus Blech – auf das ein Arbeiter von Hand eine Holzmaserung auflackierte!

Daninos war ehrgeizig, er wollte ein Superauto bauen. Seine Firma hatte bis dahin Kücheneinrichtungen hergestellt, und einzelne Karosserien für andere Autofirmen. Aber 1954 rollte dann sein erster eigener Wagen aus den »Forges et Ateliers de Constructions d'Eure-et-Loir«, abgekürzt F.A.C.E.L., der dann den Beinamen Vega bekam. Daninos' Bruder hatte das vorgeschlagen: einer der hellsten Sterne an unserem Himmel, das wäre doch passend. Den Motor kauften sie bei Chrysler, er brachte die großen Coupés auf über 200 Stundenkilometer. Noch ein Stich im Quartett. Außer beim Kartenspielen sah man die Vegas aber kaum mal. Sie waren irrsinnig teuer. Alle Superreichen hatten einen, aber davon gab es ja in Deutschland auch kaum welche.

Zehn Jahre dauerte das Facel-Abenteuer, 3.000 Autos wurden gebaut, dann hatte Daninos sich finanziell ruiniert. Sein Verhängnis: Ein kleineres Modell mit Kinderkrankheiten. Wäre im Quartett auch nicht die Topkarte geworden.

— Der HK 500 wurde von 1958 bis 1961 knapp 500-mal gebaut. Chrysler-V8 mit 6,3 l Hubraum, Spitze: 237 km/h. Schaltung kostete 1.000 Mark Aufpreis gegenüber Automatik. 1958 entsprach der Neupreis: 12 VW Käfer Standard.

JAEGER
EAU
WATER
40 60 80 100
AMPERES
DECHARGE
CHARGE
30 15 0 15 30
12 1 2 3 4 5 6 7 8 9 10 11
ESSENCE
GAS
VIDE
PLEIN
4/4
0 1 2 3 4
MADE IN FRANCE
PRESSION
PRESSURE
HUILE
OIL
0 1 2 4 6
160 180 200 220 240 260
100 125 150
747
200 300 400 500 M
1000 1250 1500 2000 L
DEF. DEGIV
WARM CHAUD

Handlackierter Hingucker:
Facel-Armaturenbrett

94_ Honda S800

Esuhachi

Im Jahr 1966 exportierte zum ersten Mal eine japanische Firma ein Automodell im größeren Stil nach Deutschland. Damit begann eine höchst erfolgreiche Handelsbeziehung. Die Firma Honda war in Europa schon für ihre Motorräder bekannt. Mit dem S800 kam nun ein kleiner, aber feiner Wagen dazu, als Cabrio und Coupé. Das S stand für »Sports«.

Der winzige Japaner (3,33 Meter lang) sieht aus wie ein Spielzeug, hat es aber faustdick hinter den Ohren. Der Drehzahlmesser hat einen roten Bereich, der erst bei 8.500 Umdrehungen beginnt, 67 PS beschleunigen den Kleinen auf über 160 Sachen. Man wird dabei zwar ziemlich durchgeschüttelt – die Federung ist nicht sehr bequem –, aber dafür registrierten schon die ersten deutschen Autotester erstaunt und anerkennend, wie gut das Auto verarbeitet war. Ohne Weiteres zu erwarten war das nicht, denn die Firma von Soichiro Honda hatte erst wenige Jahre zuvor überhaupt mit dem Autobau begonnen.

1963 brachte der Firmengründer ein erstes Modell mit nach Deutschland und präsentierte es auf einem Rheindampfer. Vor einem Glas Rheinwein sitzend erklärte er, zuerst werde ein Servicenetz aufgebaut, dann starte der Verkauf. Darauf konnte man sich verlassen, der Mann hatte schon ziemlich viel geschafft: Als Kind hatte er dem Vater in dessen Fahrradwerkstatt geholfen, absolvierte dann eine Mechaniker-Ausbildung, fuhr Autorennen, gründete eine Fabrik für Kolbenringe, dann eine für Motorräder. Mit dem Autobau musste Soichiro Honda sich gegen die japanische Regierung durchsetzen, die damals die Produktion im Land regulieren wollte. Auch das gelang ihm.

Auf Japanisch nennt man das Modell »Esuhachi«. Das klingt niedlich, bedeutet aber übersetzt auch nur »S-Acht«. Das Nummernschild unseres Foto-Esuhachi ist übrigens nicht japanisch, sondern stammt von einer kleinen Karibikinsel. Dort war er eine Weile angemeldet. Zuerst ausgeliefert wurde er freilich nach Europa, und da ist er auch jetzt wieder. Ein weit gereistes Auto – dafür steht er noch toll da!

— Gebaut von 1966 bis 1970,
11.500 Coupés und Roadster.
Vierzylinder-Viertakter,
800 ccm,
67 PS für 162 km/h Spitze,
1,21 m hoch, 780 kg schwer.
1967 entsprach der Neupreis:
1,1 VW Käfer Cabrio.

843 M

95 Lamborghini 400 GT 2+2

Il Toro

Das Design heutiger Lamborghinis greift zurück auf ein ganz altes Gestaltungsprinzip: das des Faustkeils aus der Steinzeit. Flach muss er sein und scharfe Kanten haben. Das war nicht immer so. Der erste Sportwagen von Lamborghini hatte Rundungen und große Fenster. Er hieß »350 GT«, wurde aber bereits von einem toll klingenden Zwölfzylindermotor angetrieben, und vorn auf der Haube saß das Logo mit dem Stier.

Bis 1963 hatte die Firma mit dem angriffslustigen »Toro« im Wappen noch ausschließlich Traktoren und Kühlgeräte hergestellt. Aber Gründer Ferruccio Lamborghini (Sternzeichen: Stier) war das zu langweilig. Er fand Sportwagen toll. Die Legende sagt, er habe sich mit Enzo Ferrari über Verbesserungen für dessen Modelle gestritten. Ob das wahr ist oder nicht – jedenfalls stellte er seinen eigenen GT auf die Räder, mit der klaren Absicht, Ferrari ein paar Kunden abzujagen. Die erste Idee, die Sportwagen einfach auch in der Traktorfabrik zu bauen, klappte nicht. In Sant'Agata Bolognese, eine halbe Stunde vom Ferrari-Werk in Maranello entfernt, entstand daher eine eigene Produktionshalle für die GTs. Im März 1964 wurde das Modell 350 präsentiert. Es gab ein Jahr zuvor schon einen Prototyp, den GTV, mit einer eleganten, flachen Motorhaube – leider zu flach: Der Motor passte nicht darunter. Sowas passiert schon mal, wenn man als Treckerfabrikant seinen ersten Renner baut.

Beim 350 GT passte der Motor ins Auto – und zusätzlich drei Personen. Hinten mitzufahren war aber nicht so schön, statt eines Sitzes lag da nämlich einfach ein Kissen auf der harten Ablage. Verbessert wurde das 1966. Ab da gab es hinten zwei richtige (Kinder-)Sitze, der Lamborghini hieß jetzt 400 GT 2+2. Ein Familienauto mit unglaublichem Auspuffsound und grandioser Rundumsicht, das gut 250 lief. Unverändert blieb die kuppelförmige Frontscheibe. Von oben gesehen hat der GT mit seiner umlaufenden Fensterlinie etwas von einem UFO. Die seltsamen Scheinwerfer und das eigenwillige Heck sorgen bei Design-Fans für Irritation – aber das tut ja bis heute eigentlich jeder Lamborghini, ganz generell.

Gebaut von 1966 bis 1968,
250 Stück als 400 GT 2+2,
davor 120 Stück als 350 GT.
4-Liter-V12 mit 320 PS,
0 auf 100 in 6 Sekunden,
4,46 m lang, 1,28 m hoch.
1966 entsprach der Neupreis:
11 VW Käfer 1300.

___ Stier-Logo am 400er. Später wurden die Modelle nach Kampfstieren benannt.

LAMBORGHINI

96 _ OSI Ford 20M TS

Ein Kölner Italiener

Es ist schon vielen so gegangen, als sie dieses Auto das erste Mal sahen: »Ferrari«, denkt man, oder eine andere italienische Edelsport-Marke? Die kleine Plakette auf der Haube sagt »OSI«. Kennt man nicht, aber auch ein Blick aufs Armaturenbrett deutet in Richtung Italien: Auf einer Anzeige steht »Olio«, daneben ist ein Zeiger für »Benzina« zuständig. Holzlenkrad und Leder innen, von den hinteren Sitzen kann man durch die riesige flache Scheibe direkt in den Himmel schauen, na wenn das kein … »Ford«, sagt der Besitzer. Und: »Köln«.

Nanu, so sieht doch kein 60er-Jahre-Ford aus?! Die Auflösung rattert der Besitzer dann herunter, er hat offensichtlich Routine: 1966 ließen die Kölner Fordwerke die kleine italienische Karosserie-Firma OSI (»Officine Stampaggi Industriali«) eine Stylingstudie bauen. Nur um mal zu gucken. Auf Basis der aktuellen Ford-Limousine 20M, allerdings 14 Zentimeter flacher und ein Stückchen breiter. Das Ergebnis sah aus, als würde es mindestens 240 laufen (tatsächlich schaffte es nur 166 Stundenkilometer, fünf mehr als der 20M »normal«) und sorgte bei der Pressevorstellung und auf dem Autosalon in Genf für Begeisterung. Alle wollten dieses Auto. Eine Riesenüberraschung, vor allem für die OSI-Leute in Turin. Sie hatten eigentlich gar keine Kapazitäten für solch einen Auftrag, mehr als eine Handvoll Autos pro Tag konnten sie nicht bauen. Hastig stellte man Leute ein und schaffte Platz, um möglichst schnell möglichst viele Karosserien produzieren zu können. Unter diese schraubte man Fahrwerke von Ford, baute den 20M-Motor und das passende Ford-Radio ein, dazu kamen noch runde Ferrari-Rücklichter, Ledersitze und ein Aschenbecher von Maserati, fertig war der Gran Turismo – den an der Ampel allerdings jeder stehen ließ.

Leider war aber so viel Handarbeit bei der Herstellung notwendig, dass der Wagen furchtbar teuer wurde. Fast 15.000 Mark, das ging schon Richtung Porsche. Zwei Jahre lang schraubten die OSI-Männer, 2.200 Autos wurden fertig (manche Quellen sagen: 3.500), dann war Schluss – auch mit der Firma selbst, die 1968 Insolvenz anmeldete.

Gebaut 1967 und 1968: wahrscheinlich 2.200 Stück. V6-Frontmotor mit 90 PS, 2 l Hubraum, 13 l Verbrauch, 0 auf 100 in 16 Sekunden, 4,67 m lang, 1,34 m hoch. 1967 entsprach der Neupreis: 2,9 VW Käfer 1300.

MEDITERANA
GL HC 64H

97_Porsche 912

Der kleine Elfer

Das Auto auf dem Bild kennen Sie: Ist ein Porsche … 912! Was ist der Unterschied zum 11er und woran erkennt man das? Man sieht's, wenn man die Haube aufmacht und sich den Motor anschaut: Hier brummt statt dem erwarteten Sechszylinder ein Vierzylinder-Boxer, und zwar der aus dem letzten 356er-Modell. Man hört das auch sofort, denn dieser Porsche klingt verdammt nach Käfer. Der 912 war viel billiger als der »normale« 911. Dafür bekamen die Käufer kein Holzfurnier am Armaturenbrett, ein paar Anzeigen fehlten auch, und hinten werkelte eben der alte, schwächere Motor aus dem Vorgängermodell. Vielen genügte das völlig. Zeitweise wurden deutlich mehr 912 gekauft als teure 11er. Fünf Jahre lang, von 1965 bis 1969, gab es die Spar-Porsches, von denen viele heute gar nichts mehr wissen. Kein Wunder, dass sie so unbekannt sind: Von außen sehen sie genau gleich aus, man muss schon die Zahl auf der Heckklappe lesen, um die preiswerte Variante zu enttarnen.

Heutzutage sind sie nicht mehr so billig, die Vierzylinder sind begehrte Oldtimer. Sie sind viel leichter als die 911er, das verbessert das Fahrverhalten. Vor allem in flotten Landstraßenkurven macht ein 912 manchmal mehr Spaß. Das Exemplar rechts (Schockmeldung für Puristen: Das schöne Blau ist eine Mercedes-Farbe!) wird ebenfalls nicht zum Cruisen verwendet, sondern gern für rasantere Touren. Der Fahrer (seit fast 30 Jahren) zählt einen weiteren Vorteil auf: »Der Motor ist im Prinzip wie bei meinen Käfern von früher. Da kann ich auch mal was selbst reparieren.«

Eine Porsche-Spezialität ist die Sache mit dem Dach, das man nach oben wegnehmen kann. Nicht einfach ein offenes Auto sei das, warb die Porsche-Marketingabteilung, sondern »das erste Sicherheitscabriolet der Welt«! Sie nannten es »Targa« und schrieben das stolz auf den dicken Überrollbügel. Anfangs konnte man hinten noch das Verdeck runterfalten, später war die Heckscheibe dann fest. Das Targa-Dach kostete freilich einen kräftigen Aufpreis, deswegen wurde es beim 912 selten bestellt. Es war eben der Porsche für spitze Rechner.

— Gebaut von 1965 bis 1969, 30.000 Stück, davon 2.500 Targas. Vierzylinder-Boxer im Heck, 1.600 ccm, 90 PS, Höchstgeschwindigkeit: 183 km/h, Gewicht: 1.000 Kilo, Maße: 4,16 m lang, 1,61 m breit, 1,32 m hoch. 1965 entsprach der Neupreis umgerechnet 0,75 Porsche 911.

98_ Renault Rambler

Ein amerikanischer Franzose

Dies ist wahrscheinlich das Auto, das die wenigsten Leserinnen und Leser dieses Buchs richtig zuordnen können. Dabei sieht es ja so exotisch gar nicht aus, und zusammengeschraubt wurde es bei Renault. Trotzdem gibt es davon nur ein einziges Exemplar in Deutschland. Das gehört Wolfgang Kern, Berufsschullehrer aus Hürth bei Köln. Als er den Renault Rambler in Frankreich zum ersten Mal sah, hatte auch er keinen Schimmer, was das für ein Schlitten war.

Bei einer Reise ins Département Somme war er zufällig auf eine private Flugzeugsammlung gestoßen, deren Besitzer wochenends gern Besucher herumführte. Bei etwa 70 alten Fliegern gab es eine Menge zu sehen – aber Wolfgang Kern blieb an dem verstaubten Auto hängen, das dazwischen stand. Der Besitzer lehnte es kategorisch ab, diesen Renault jemals zu verkaufen, aber er erzählte gern etwas über die Geschichte des Modells: Die US-Autofirma AMC kooperierte in den 1960ern mit Renault und erlaubte den Franzosen, ihren »Rambler« in Lizenz zu montieren. Die für amerikanische Verhältnisse mittelgroße Limousine mit sechs Zylindern sollte in Europa als Prestigemodell vermarktet werden. Bis auf den Renault-Schriftzug sah der Rambler genau aus wie das US-Original. Das Problem: Er war teurer als ein Mercedes 220, das schreckte Privatkunden ab. Und Staatspräsident de Gaulle ließ sich lieber im DS chauffieren, also konnte Renault die Autos auch nicht als Staatslimousinen losschlagen. Wohl nur 3.000 Renault Rambler wurden gebaut.

Für Wolfgang Kern waren einige weitere Besuche und einige Flaschen Champagner nötig, um den unverkäuflichen Wagen doch kaufen zu können, aber jetzt kam die nächste Hürde: So ein 65er Renault Rambler war in Deutschland noch nie zugelassen worden. TÜV und Zulassungsstelle mussten erst mit jeder Menge Papier gefüttert werden, bis das Auto auf die Straße konnte. Von den paar Kleinigkeiten an Reparatur, die nach der langen Standzeit im Flugzeughangar nötig waren (zwei Jahre Arbeit), gar nicht zu reden. Die Belohnung: ein ziemlich einmaliges Auto, das auch noch sehr bequem ist und für jede Menge neugierige Fragen sorgt.

Gebaut von 1965 bis 1967 in einer Auflage von 3.000 von Renault in Belgien. Reihensechszylinder mit 3,3 l Hubraum und 128 PS. Läuft 160 km/h, braucht 14 l, ist 4,95 m lang, wiegt 1350 kg. 1967 entsprach der Neupreis: 2,6 VW Käfer 1300.

BM
RO 6H
Renault

99__ Rometsch Beeskow

Unten VW, oben Concours

Dieses Fahrzeug hat schon mal einen Schönheitswettbewerb gewonnen, und zwar in Amelia Island, Florida. Solche »Concours d'Élégance« sind oft ziemlich elitäre Veranstaltungen, bei denen auf Golfplatzrasen Autos präsentiert werden, die sich meist kein Normalsterblicher leisten kann. Bevor die Schiedsrichter kommen, wird gern noch mit Zahnbürste und Wattestäbchen nachpoliert. Darauf hat Traugott Grundmann – der Besitzer dieses Schmuckstücks – verzichtet und 2019 trotzdem gewonnen. Kein Wunder, es ist nämlich die eleganteste Version des VW Käfers, die es je gegeben hat. Das Auto ist ein Rometsch Beeskow von 1951, und weil der ziemlich unbekannt ist, kommt hier die Geschichte in aller Kürze:

Die Firma Rometsch baute schon vor dem Krieg in Berlin besondere Karosserien für verschiedene Autohersteller. In den 50er Jahren entwarf der Designer Johannes Beeskow für Rometsch eine schicke Coupé- und Cabrio-Form, die man auf ein Käfer-Fahrgestell bauen konnte. Hinten knatterte der übliche 24,5-PS-Boxer, aber außen sahen die Rometsch-Modelle aus wie Filmstars. Es kauften dann auch viele Filmstars welche, zum Beispiel Gregory Peck oder Audrey Hepburn. In Wolfsburg fand man den Erfolg der Westberliner Manufaktur nicht so klasse. Nach einer Weile bekam Rometsch keine Fahrgestelle mehr – etwas später weigerte die Berliner VW-Niederlassung sich dann auch, komplette Käfer an Rometsch-Mitarbeiter zu verkaufen. So musste zum Beispiel die Schauspielerin Brigitte Mira ihren eigenen VW in den Rometsch-Hallen abliefern, um dann Wochen später ihren »neuen« Rometsch dort wieder abzuholen. Der Mauerbau beendete den Verkauf der Beeskows (und der nicht minder schicken Lawrence) 1961 abrupt. Die meisten Rometsch-Schrauber wohnten nämlich im Ostteil der Stadt und konnten nun nicht mehr zur Arbeit kommen.

Ein großer Teil der Produktion ging nach Übersee, heute sind sie dort wie hier ultraselten. Einige Überlebende stehen in der Sammlung Grundmann – und zusätzlich viele Designzeichnungen, Klopfformen für Bleche sowie der Original-Schreibtisch von Direktor Rometsch. Daneben, in einer Vitrine, glänzt der Siegerpokal aus Florida.

Gebaut von 1950 bis 1956, wohl nur gut 100 Stück, vom genauso schönen »Lawrence« noch weniger. Käfertechnik, aber mit einer leichten Alukarosserie, Höchstgeschwindigkeit: 105 km/h.
1951 entsprach der Neupreis: 2 VW Käfer Standard.

de luxe
KREATIVE KÖPFE, KULT-KAROSSERIEN
UND EIN HAUCH VON
HOLLYWOOD

Auch ein Käfer von Rometsch: Taxi für Berlin (vier Türen!)

Silberne Medaille
PROMINENTE KUNDSCHAFT

100_ VW Typ 147

Der Fridolin

Zwei Kubikmeter Laderaum, Länge 3,75 Meter – das waren zwei Vorgaben, die die Deutsche Bundespost 1963 bei VW einreichte. Und Schiebetüren, bitte! Die Post brauchte ein Auto für Briefträger und Paketzusteller, Volkswagen lieferte den »Typ 147«. Den spröden Namen benutzt kaum jemand, irgendwer muss einmal gesagt haben: »Das Auto sieht aus wie ein Fridolin«, und der Spitzname setzte sich blitzschnell durch, bereits zu Beginn der Bauzeit.

Die Fridos wurden nicht im VW-Werk in Wolfsburg gebaut, sondern bei Westfalia. Die Wohnmobilmacher aus Rheda-Wiedenbrück puzzelten das Auto aus Teilen verschiedener Volkswagen zusammen, so war die Produktion viel günstiger. Das Fahrgestell kam vom Karmann-Ghia (siehe Nummer 36), der Motor vom Käfer, genau wie Achsen und Getriebe. Hinten gab es zwei Klappen: Oben konnte man die Päckchen reinwerfen, unten den Motor inspizieren, System »VW Bulli«. Eine Kiste, aus Stahlblechen zusammengeschweißt, die Schiebetüren dazu, Lichter vom Typ 3, fertig war das »Sonderfahrzeug Post«. Die meisten der 7.000 gebauten Autos fuhren dann auch in Gelb durch die Bundesrepublik, etwa 1.200 gingen in die Schweiz, wo sie mit silbernem Dach und ein paar PS mehr die Päckli brachten.

Fridoline sind äußerst seltene Oldtimer. Die Rostvorsorge war miserabel, und als Arbeitstiere wurden die Autos natürlich durch nasse Sommer und salzige Winter geprügelt. So wurden die Bleche mit der Zeit immer dünner und die Löcher immer größer, bis das letzte Paket schließlich zum Schrottplatz geliefert wurde. Restaurationen sind aufwendig: Blechteile zum Nachkaufen gibt‘s nicht, was weggegammelt ist, muss man von Hand neu schweißen. Belohnt wird man für die Arbeit mit feixenden Gesichtern, wenn man durch die Stadt fährt. Concours d'Élégance geht mit dem Fridolin eher nicht, aber wenn man Glück hat und ein Exemplar mit dem klappbaren Beifahrersitz erwischt, dann kann man zumindest zu zweit fahren. Und fürs Reisegepäck oder das eine oder andere Päckchen hat man gut zwei Kubikmeter Platz.

___ Gebaut von 1964 bis 1974, gut 7.000 Typ_147 Fridolin. Vierzylinder-Boxer, 1.200 ccm, 34 PS, 8 l Verbrauch.

DEUTSCHE BUNDESPOST
BP 17-23

Manchmal macht auch Farbe schneller.

DAS AUTO ALS SPORTGERÄT

740
GLPpro.de
ALPINE

101__Abarth 1300 OT

Il Periscopio

Glamour, Testosteron, Champagnerbar – man hat so sein Bild, was den Automobilrennsport ausmacht. Dann kommt man zum »Hockenheim Historic«, und alles läuft ganz anders. Erstens regnet es. Zweitens darf man überallhin. Die Rennwagen stehen zwischen Wohnmobilen und Kleintransportern herum, die meisten Teams haben ein kleines, zusammengestecktes Pavillonzelt, um sich halbwegs trocken zu halten. Der Teil des Autos, an dem gerade geschraubt wird, darf mit ins Trockene.

Ein Oldtimer-Renntag ist eine familiäre Sache. Das ist wörtlich gemeint: Viele Vater-Sohn-Teams sind am Start, unterstützt von Frau und Freunden. Selbstverständlich hilft man sich auch untereinander. Kommentiert wird alles von den Zuschauern, die in großer Zahl ebenfalls zwischen den »Rennställen« herumspazieren, wenn auf der Strecke gerade nichts los ist. Das Fahrerlager ist nämlich nicht besonders abgeschirmt. Da kann jeder ganz nah ran, ein paar Fragen stellen oder etwas fachsimpeln. Die Fahrzeuge sind dabei so unterschiedlich wie die Menschen, die um sie herumwuseln. Von ultraseltenen Preziosen mit Millionenwert bis zu aufgemotzten Großserien-Bastelbuden ist alles dabei.

Der Hockenheimring verfügt über eine zentrale Tribüne an der »Sachs-Kurve«. Von dort gibt es Szenenapplaus, wenn sich ein Wagen nach einem kleinen Ausrutscher vom Kiesbett wieder in Richtung Strecke wühlt. In der Ehrenrunde nach der karierten Flagge bedanken sich alle Fahrer freundlich winkend für die Unterstützung. Champagnerdusche gibt es eher keine – man ist ja auch bereits schön durchweicht vom Regen. Die Fahrer haben noch eine Weile zu tun. Schließlich müssen die Renner auf die Anhänger gebunden oder in die Transporter rangiert werden. Und dann steht noch die Heimreise an – im Lieferwagen. Glamour geht anders. Das Erlebnis, ein Auto wie den 1966er Abarth 1300 »Periscopio« (mit Belüftungs-Schnorchel auf dem Dach) in voller Aktion zu erleben – statt im Museum –, ist aber viel mehr wert. Bei jedem Wetter.

Gebaut 1965 und 1966, 50 Exemplare. Kunststoffkarosserie über Stahlrohr-Rahmen, Gewicht: 650 kg. Abarth-Motor mit 1.300 ccm, 140 PS. Schätzungsweise so laut wie 6 Käfer Standard.

Dom
KÖLSCH
DUCATO MAXI
664
ADAC Salzburgring Classic
664
Sounds of Speed
CAMPAGNOLO

102 Alpine A110 Berlinette 1300

Rédélés Renault

Diesen knackigen Franzosen kennen die meisten Fans alter Autos als »Renault Alpine«. Weniger bekannt ist, dass Alpine nicht nur der Modellname ist, sondern ursprünglich eine eigene Marke war. In Dieppe, in der Normandie, gründete Jean Rédélé 1955 sein »Alpine«-Werk. Schon kurz nach dem Zweiten Weltkrieg, mit 24, war er Renault-Händler geworden, als er die Vertragswerkstatt seiner Eltern übernahm. Aber sein Herz gehörte dem Rennsport. Auf einem Renault 4CV versuchte er es zunächst bei der Rallye Monte Carlo. Dort konnte er noch nicht ganz nach vorn fahren, aber bei der nächsten Rallye, daheim in Dieppe, klappte es. Er schraubte weiter, und er fuhr weiter. 1955 präsentierte Rédélé ein eigenes Modell (A106), von dem er drei Stück baute: eins in Blau, eins in Weiß und eins in Rot – die Farben der französischen Flagge. Den Namen für seine Rennwagenfirma hatte er inzwischen auch gefunden: Alpine. Kurz zuvor hatte er nämlich ein Rennen in den Alpen gewonnen.

Nach einigen weiteren Versuchen und Kleinserien startete 1962 das Erfolgsmodell A110. Renault war insofern beteiligt, als die Autos über das Händlernetz der großen Firma vertrieben wurden, außerdem bollerte ein Renault-Motor im Heck. Das Auto besteht zum Teil aus Kunststoff, wiegt quasi überhaupt nichts, und das Dach geht einem Erwachsenen grade mal bis zum Hintern. Die Flundern – meist blau lackiert – waren zum Siegen gebaut. Sie erregten so viel Aufsehen, dass es sogar Lizenz-Nachbauten gab, zum Beispiel in Mexiko und Bulgarien. In den 70er Jahren übernahm Renault die Marke nach und nach. Die 110er wurden bis 1977 gebaut, natürlich nicht nur für Rennstrecken, sondern auch für Privatleute, die sich mal die Ohren durchblasen lassen wollten.

40 Jahre nach der letzten Berlinette wurde ein neuer, moderner 110er enthüllt. Er hat viele Gestaltungselemente vom alten Modell übernommen, ist allerdings ein bisschen höher und länger. Eingebaut ist jetzt auch ein »Infotainment-System mit Online-Anbindung«. Musik aus dem Lautsprecher? In der alten 110 gab es dafür noch keinen Bedarf.

Gebaut von 1962 bis 1977,
etwa 7.500 Exemplare.
Vierzylinder, 1.300 ccm, 115 PS,
1,13 m hoch, 3,85 m lang,
740 kg schwer, 215 km/h max.,
0 auf 100 in 8 Sekunden.
1969 entsprach der Neupreis:
3,9 VW Käfer 1300.

ALPINE
D
ME CD6H

103_AC Aceca

Das Ass mit Dach

Wie praktisch! Der AC Aceca hatte ein Ausstattungsdetail, das für den britischen Markt eine echte Neuheit war: eine Heckklappe, die zu einem Kofferraum führt. Heutzutage normal, damals revolutionär. Ansonsten ging es beim Aceca weniger um Praktisches und mehr um Fahrspaß. 1953 kam die Londoner Firma AC (»Auto Carriers«), übrigens eine der ältesten noch existierenden Automarken der Welt, mit einem Roadster namens »Ace« auf den Markt. Die Motorkonstruktion war nicht mehr ganz taufrisch, sie stammte aus den 1920er Jahren. Aber der leichte Rahmen mit Aluhaut und die gute Gewichtsverteilung brachten tolle Fahreigenschaften. Und als man den Motor durch ein moderneres Aggregat ersetzte, stellten sich auch Rennerfolge ein.

Eine Legende wurde der Ace in Amerika: Anfang der 1960er Jahre schlug ein ehemaliger US-Rennfahrer namens Carroll Shelby den Briten vor, einen V8-Motor in den Ace einzubauen. Die wollten die Produktion eigentlich gerade beenden, lieferten Shelby aber einen Wagen, um das mal auszuprobieren. Damit wurde der leichte Roadster zum Geschoss. Die Legende sagt: Die Beschleunigung war so brutal, dass man es als Beifahrer nicht schaffte, einen an die Scheibe geklebten Geldschein zu erreichen und an sich zu nehmen, solange der Fahrer Gas gab. Besitzer boten das als Wette an. Verkauft wurde der Bolide als »AC Shelby Cobra«. Die Produktion lief bis 1967, aber diese Cobras wurden über die Jahrzehnte immer wieder von verschiedenen Herstellern nachgebaut.

Etwas weniger brachial kommt unser britisches Coupé auf der Bildseite rechts daher, es ist insgesamt ein bisschen dezenter. Mit Dach heißt der Ace nicht mehr Ace, sondern »Aceca«, gesprochen etwa Ey-Si-Ka. Innen gibt es eine hübsche Instrumentensammlung mit Chromeinfassung, gerahmt von edlem Holz. Auch der große, stabile Griff zum Festhalten für den Beifahrer ist voll verchromt. Die praktische Klappe hinten kann eben nicht darüber hinwegtäuschen: Da schlummert ein Gentleman-Racer in diesem alten Engländer.

Gebaut von 1954 bis 1963: etwas mehr als 300 Acecas. Rahmen aus Holz und Stahl, darüber Aluminiumblech. Zweiliter-Sechszylinder, 90 PS (oder: »Bristol« mit 125 PS). 1954 entsprach der Neupreis: 6 VW Käfer Standard.

UTR 30

104__Austin-Healey 100

Ein internationales Hobby

Mohsin Ikram wohnt in Karachi. Sein »Daily Driver« ist ein Austin-Healey 100 aus dem Jahr 1954. Das liegt keineswegs daran, dass in Pakistan alle Autos so alt wären, sondern an Mohsins Leidenschaft für Oldtimer. Wenn er den Healey durch den engen Stadtverkehr in Karachi steuert, wird praktisch aus jedem Tuk-Tuk, aus allen Autos und von sämtlichen Mopedpassagieren eine Handykamera auf ihn gerichtet.

Mohsin hatte schon alle möglichen exotischen Fahrzeuge. Die meisten hat er immer wieder abgegeben, nur der Healey, der blieb. Er sagt, der fährt sich einfach großartig, und inzwischen hängen eben auch schon sehr viele Erinnerungen daran. Zwei »Projekte« hat er allerdings doch noch in der Garage: einen Packard von 1929, der früher mal einem indischen Maharadscha gehörte, und einen weißen Lincoln von 1947. Der, erzählt er, war ursprünglich der Dienstwagen des Königs von Afghanistan, Zahir Schah.

Aber zurück zum Austin-Healey: Der »Hundred« war das erste Modell der Marke aus Warwick, mitten in England. Donald Healey hatte den ersten Prototyp in seiner Privatgarage gebastelt und 1952 auf der »Earls Court Motor Show« in London der Öffentlichkeit vorgestellt. Im MGA-Kapitel (siehe Nummer 49) können Sie lesen, was dann passierte. Die Roadster wurden sehr erfolgreich im Rennsport. Anekdote am Rand: Eine berühmte Austin-Healey-Pilotin war Pat Moss, die als Rallyefahrerin zum Beispiel das Rennen Lüttich–Rom–Lüttich gewann und dafür von der englischen »Guild of Motoring Writers« zur Fahrerin des Jahres gewählt wurde. Für die Preisverleihung musste extra die Klubordnung geändert werden – Frauen war nämlich bis dahin der Zutritt zu den Räumlichkeiten gar nicht gestattet.

Auch Mohsin bewegt seinen Roadster gern sportlich. Zusammen mit seinen Freunden im »Vintage & Classic Car Club of Pakistan« (VCCCP) veranstaltet er die jährliche »Cross Country Rally« von Karachi zum Chaiber-Pass an der afghanischen Grenze. Das sind etwa 2.200 Kilometer, die er selbstverständlich auch selbst im Healey mitfährt. Einen Eindruck davon vermittelt das Bild auf der nächsten Seite.

__ Gebaut von 1953 bis 1956, knapp 15.000-mal. Vierzylinder, 2,6 l Hubraum, 100 PS, über 200 km/h Spitze, Länge: 3,17 m, Höhe: 89 cm (mit Scheibe: 1,19 m). 1953 entsprach der Neupreis: 2,2 VW Käfer Cabrio.

VCCCP 9TH ANNUAL CROSS COUNTRY RALLY 2018
Vintage & Classic Car Club Of Pakistan
1
KARACHI TO KHYBER
HASCOL

2.000 Kilometer Action: Healey 100 bei der Rallye Karachi–Chaiber-Pass in Pakistan

105_DKW 3=6 Monza

Der Renner aus Panzerpolyester

Als der Zweite Weltkrieg vorbei war, gab es in Deutschland nicht mehr sehr viele Autos. Die Nazis hatten alles, was sie als brauchbar erachteten, für ihren Krieg einkassiert. Laster, große Personenwagen, damit konnte man Soldaten und Material an die Front schicken. Was nicht requiriert wurde: Zweitakter-Autos. So kam es, dass in den 50er Jahren noch recht viele Vorkriegs-DKW da waren und es später bis zum Oldtimer-Status schafften. Manche Oldie-Sammlung begann darum mit einem alten DKW, auch die von Heiner Rössler. Als seine Kollektion größer wurde, mietete er gemeinsam mit anderen Autoliebhabern eine Halle. Daraus ist heute eines der interessantesten Automuseen Deutschlands geworden. Nicht mit Rösslers Privatsammlung, sondern mit hunderten, ständig wechselnden Leihgaben vieler Oldtimerbesitzer. Dadurch stehen in der Ausstellung in Melle, nicht weit von Osnabrück, lauter fahrbereite Autos, die hier allesamt nur ein paar Monate Pause machen. Eines davon war bei meinem Besuch der rote DKW-Sportwagen »Monza«.

Es gab nur wenige dieser schnellen Zweitakter von DKW. Sie wurden in verschiedenen Werkstätten hergestellt. Im Jahr 1956 stellten vier Fahrer mit einem der Wagen auf der Rennstrecke im italienischen Monza gleich fünf Rekorde auf. Unter anderem gelang es, über 72 Stunden eine Durchschnittsgeschwindigkeit von fast 140 zu fahren. Das Fahrwerk war dabei vom ganz normalen 3=6 (siehe Nummer 21), nur der sportliche Aufbau hatte Rennwagenqualitäten. Die Rekordfahrt war Grund genug, den Autos den Namen »Monza« zu geben. Wie viele es gab, ist gar nicht sicher zu sagen. Vielleicht 230? Vielleicht auch nur 70 – die Produktion bei verschiedenen Kleinherstellern macht die Sache unübersichtlich. Jedenfalls waren die Sportcoupés mit der »Panzerpolyester«-Karosserie (heute sagt man Fiberglas) ein Knüller.

Wenn Sie mal nach Melle kommen, ist der Monza sicher wieder weg, das Wechselprinzip ist unerbittlich. Aber bei drei Stockwerken und einer großen Halle voller Schätze findet sich garantiert ein anderer Oldie zum Verlieben.

Gebaut von 1956 bis 1958.
Coupé, 2 Sitze + Notsitz,
Dreizylinder-Zweitaktmotor,
1.000 ccm, 44 PS,
4,09 m lang, 1,34 m hoch,
135 km/h schnell
(außer bei Rekordfahrten).
1958 entsprach der Neupreis:
2,8 VW Käfer Standard.

OS F 427H

106 Ford GT40

So'n Männerding

Henry Ford II war sauer. Mit Rennwagen ließ sich so gut Werbung machen (»Win on Sunday, sell on Monday«), aber die US-Autohersteller hatten Ende der 1950er Jahre gemeinsam beschlossen, den Motorsport sein zu lassen. Bei Autorennen kam es zu der Zeit zu obszön vielen tödlichen Unfällen, und Detroit setzte lieber auf das Image »Sicher und komfortabel«. Doch 1962 entschied der Konzernchef (und Enkel von Henry Ford): Wir brauchen wieder einen Renner! Selbst einen zu konstruieren, schien freilich zu aufwendig. Daher meldete sich Ford in Italien, bei Enzo Ferrari: Ob man nicht vielleicht dessen Autofirma kaufen könnte? Ferrari gewann ständig alle Rennen, vor allem die 24 Stunden von Le Mans. »Il Commendatore« verhandelte eine Weile, lehnte dann aber ab.

Damit begann eine typische Alphamännchen-Geschichte. Ford entwickelte ein Auto genau für einen Zweck: Le Mans gewinnen und Ferrari damit düpieren. Als der GT fertig war, war er nur 40 Zoll hoch. Ein guter Grund für den Namen »GT40«. Der erste Versuch in Le Mans geriet 1964 zur Blamage: Die Wagen hielten der 24-Stunden-Tortur nicht stand. Alle Fords fielen aus, Platz eins, zwei und drei gingen wie gewohnt an Ferrari. Man besserte nach, und im ersten Rennen, das ein GT40 durchhielt, in Daytona, gewann er auch. Schnell waren die Kisten also, nur an der Zuverlässigkeit musste man noch arbeiten. In Le Mans klappte es auch im Jahr darauf noch nicht. Aber 1966 waren die GT40 dann so weit: Dreifachsieg für Ford! Der führende GT40 hatte sogar kurz vor Schluss so viel Vorsprung, dass dem Fahrer Ken Miles befohlen wurde, auf seinen Teamkollegen zu warten. So wurde es gemacht, und das Zielfoto zeigt zwei Ford einträchtig fast nebeneinander. Toll fürs Marketing. Aber nicht für Ken Miles, denn wie sich anschließend herausstellte, hatte aus Versehen der Zweite gewonnen!

Die Ferrari hatten auch in den folgenden Jahren keine Chance gegen die GT40, von denen insgesamt etwa 120 Stück gebaut wurden. Der Egotrip von Henry Ford hatte sich gelohnt.

Gebaut von 1964 bis 1968.
Als Straßenversion schaffte er 260 Spitze und den Spurt von 0 auf 100 in 5 Sekunden.
V8-Motor mit 4,8 l Hubraum vor der Hinterachse.
4,06 m lang, 1,03 m hoch.
Neupreis »auf Anfrage«.

40
40
FORD
PORSCHE
BOSCH
SHELL
914
DUNLOP
24h Classic
CIBIE

107 Hillman Imp

Der Kobold aus Schottland

Das ist Impje. Impje stammt eigentlich aus Schottland, machte aber den Großteil ihres Autolebens holländische Rennstrecken unsicher und wohnt heute in Köln. In Deutschland kennt man diese Zwerge von der Insel kaum, in Großbritannien gehörten sie in den 60ern aber zum Straßenbild (ohne Renn-Outfit).

Der Hillman Imp (so der richtige Name dieses Modells) war eine Folge der Suezkrise von 1956. Damals eskalierte der Nahostkonflikt derart, dass es Auswirkungen auf die Öllieferungen gab – und damit auf die Benzinpreise in Europa. Im Vereinigten Königreich wurde das Tanken sogar rationiert. Die Rootes-Gruppe, ein Konzern mit mehreren Automarken, hatte damals vor allem dicke, durstige Modelle im Angebot. Die Spritknappheit machte die Manager nachdenklich. Zwei Mitarbeiter durften sich etwas Kleines, Vernünftiges ausdenken. 1963 rollte dann der erste Imp aus einer nagelneuen Fabrik in der Nähe von Glasgow. »Imp« bedeutet etwa »Kobold, Gnom«, sein Hauptkonkurrent war der Mini. Der Imp hatte aber Motor und angetriebene Achse hinten, das hatte es in Großbritannien vorher noch nicht gegeben. In den kleinen Kofferraum vorn passte nicht viel rein – blieb der Rücksitz als Stauraum, wie bei allen Kleinwagen. Tolle Idee der Imp-Erfinder: Die Heckscheibe hat einen Griff, sie lässt sich einfach hochklappen, sodass man nicht alles durch die Fahrertür wuchten muss. Hinter der klappbaren Lehne gibt es sogar noch ein zusätzliches Fach. Ein richtiger Erfolg wurden die Kobolde trotzdem nicht, dazu war die Verarbeitungsqualität zu schlecht. Weniger als eine halbe Million wurden verkauft, bei uns fast gar keine.

Sehr beliebt waren die kleinen Flitzer aber von Anfang an als Rennwagen. Aus dem Motor konnte man viel herausholen. So ging es auch Impje, die seit ihrer Auslieferung 1965 schnelle Runden dreht. Sie nimmt regelmäßig an Rennen teil, die Klassiker-Sportszene ist sehr aktiv. Viele Zuschauer fragen sich dann: Was war das denn gerade? Jetzt wissen Sie es: ein Imp. (Dunkelblau und mit Kölsch-Werbung: Impje!)

Gebaut von 1963 bis 1976, fast eine halbe Million. Vierzylinder-Heckmotor mit 900 ccm und 39 PS in der Straßenversion. 3,59 m kurz, 700 kg leicht. 1964 entsprach der Neupreis: 1,5 VW Käfer Standard.

SANDTNER
104
Racing for Fun and You

108_Maserati 3500 GT

Im Stand schön

Für moderne Innenstädte ist dieser Viersitzer natürlich nichts. Es fängt schon damit an, dass die niedrigste Zahl, die auf dem Tacho steht, die 50 ist. 30er-Zone? Da muss man eben schätzen! Als der 3500 GT erschien – das war 1957 –, war er ja auch nicht dafür gedacht, bescheiden neben Fahrradspuren her zu rollen. Er sollte dem Sportwagenbauer Maserati ein bisschen Geld in die Kasse spülen, als erstes richtiges Serienmodell.

Vorangegangen war eine lange Liste von reinrassigen Rennautos, meist Einzelstücken. 1914 hatten die Brüder Alfieri, Ernesto und Ettore Maserati ihre ersten eigenen Autos gebaut, seit den 1920er Jahren prangte das Dreizack-Logo darauf, entworfen von einem weiteren Bruder: Mario. Dieser Dreizack ist übrigens eine Verbeugung vor ihrer Heimatstadt Bologna. Die Fontana del Nettuno, ein Brunnen im Zentrum der Stadt, ziert ein solcher Dreizack, gehalten vom römischen Meeresgott Neptun. Seit hundert Jahren schmückt er auch jeden Maserati. Dass es die Marke immer noch gibt, hat viel mit dem 3500 GT zu tun. Von Einzelanfertigungen und Rennsiegen konnte die Firma nämlich nicht leben, obwohl Fangio in einem Maserati 1957 sogar die Formel-1-Weltmeisterschaft gewann. Ein Modell mal in richtig hoher Auflage herzustellen, war die rettende Idee. Der 3500 bekam eine schicke Hülle aus Alu, einen Reihen-Sechszylinder unter die Motorhaube und zwei Dutzend unbeschriftete Hebelchen, Leuchten und Knöpfe ans Armaturenbrett. Dazu noch ein Tacho von 50 bis 250, und fertig war das Erfolgsmodell. Über 2.000 Exemplare wurden verkauft – wer sich's leisten konnte, bestellte so einen Wagen.

Zuverlässig sollten die GTs auch sein. Ein italienischer Geschäftsmann schaffte es, in sechs Jahren fast 700.000 Kilometer abzuspulen, und das mit dem ersten Motor. Stolz präsentierte er den Rekordwagen im Werk und ließ sich mit dem Chefmechaniker fotografieren. Es gibt freilich auch weniger enthusiastische Geschichten von entnervten Besitzern divenhafter Maseratis, die mehr standen als fuhren. Aber bitte: Wenn ein Auto schon im Stand so gut aussieht, dann ist das ja wohl nicht so schlimm.

— Gebaut von 1957 bis 1966, 2225 Exemplare. Sechszylinder, 3,5 l Hubraum, 220 PS, 235 km/h schnell. Karosserie von Touring aus Alu: »Superleggera« (vgl. Nummer 59). 1961 entsprach der Neupreis: 13 VW Käfer Standard.

109__Melkus RS 1000

Der DDR-Rennwagen

Heinz Melkus war Fahrlehrer in Dresden. Und Rennfahrer. Das ermöglichte es ihm, in den 1960er Jahren von der DDR aus auch ins Ausland zu reisen, zum Beispiel nach Jugoslawien und Österreich. Dort sah er Ferraris und Lotus Elans und dachte: So etwas müsste man auch hinkriegen! Eine flache Rennflunder, aber eben aus Einzelteilen zusammengesetzt, die man daheim bekam. Zurück in Sachsen, machte er sich ans Werk. In der DDR kam als Basis für den Flitzer nur der Wartburg 353 in Frage, denn bei dem ließen sich Rahmen und Karosserie trennen. Außerdem war der Motor so konstruiert, dass man ihn relativ einfach von ganz vorn bis hinter die Sitze verlegen konnte. So wurde aus der Fronttriebler-Limousine im ersten Schritt ein Mittelmotorwagen mit Heckantrieb. Was konnte man von der Wartburg-Karosserie noch gebrauchen? Die Windschutzscheibe! Man musste sie nur flacher legen. Auf diese Weise nahm der Rennwagen nach und nach Form an.

Hilfe bekam Melkus in diesem Stadium von den Robur-Lkw-Werken, aber er fertigte auch selbst Tonmodelle an. Solche Einzelkämpfer-Geschichten waren bei der Partei nicht so beliebt. Kurzerhand deklarierte Melkus das Projekt als Geschenk an die Republik zum 20. Jahrestag der DDR, der war 1969. Als der erste Wagen fertig war, stand fest: Mit DDR-Produkten ließ sich ein Rennwagen bauen. Das Gehäuse vom Spiegel? Eine handelsübliche Fahrradlampe! Die Türscharniere? Die waren von Skoda, gut. Ach ja, wo wir gerade bei Türen sind: Erwähnte ich bereits, dass das Ding Flügeltüren hat? Aber hallo! Und die Heckscheibe kam von einer Tatra-Straßenbahn. Auf unserem Bild ist der allererste RS 1000 zu sehen. Er fährt heute noch, aber nicht oft. »Zu Laut und zu unbequem«, bedauert der Besitzer.

Sie möchten auch einen Melkus? Kein Problem! Es sind zwar bis 1979 nur 101 Stück entstanden, aber der Enkel von Heinz Melkus baut auf Bestellung auch heute wieder welche! In Dresden, auf Wartburg-Basis, als Umbau und straßenzugelassen. Sie sehen: Man muss nur ein bisschen stur und findig sein, dann kann man sogar einen DDR-Rennwagen fahren! 1969, und heute auch.

___ Gebaut von 1969 bis 1979, genau 101 Exemplare. Dreizylinder-Zweitakter (vom Wartburg, modifiziert) mit 1.000 ccm, 70 PS, 5 Gängen. Gewicht: 850 kg, Höhe: 1,07 m. 1969 entsprach der Neupreis in Höhe von 27.500 Mark (Ost) knapp 1,5 Wartburg.

101
RW33-01
101

110_Morgan 4/4

Dornröschen in Grün

Er hat alle überlebt. Alle Moden, alle Modelle, alle Hypes, alle Designer-Ideen und Manager-Kalkulationen. Der Morgan 4/4 ist, fast zum Schluss unserer 111 Oldtimer-Stories, der Beweis dafür, dass beim Autobau irgendwie immer doch alles möglich ist. Selbst ein britischer Sportwagen, der von 1936 bis zum heutigen Tag gebaut wird, und zwar nach wie vor mit einem Rahmen aus Eschenholz!

Die Morgan Motor Company hat ihren Sitz an der Pickersleigh Road in Malvern in der Grafschaft Worcestershire. Es ist – wie man sich denken kann – keine moderne Fabrik, sondern eine Ansammlung von Ziegelsteingebäuden, in denen kein Fließband rumort, sondern wo Handwerker mit richtigem Werkzeug hantieren. Sie formen Bleche über ein Holzgerüst und passen Lederbezüge ein. Die Motoren und Getriebe stellt Morgan nicht selbst her, die werden – auch das ist Tradition – von Ford und BMW zugekauft. Seit 1909 kommen Autos aus Malvern. Henry Frederick Stanley Morgan (»HFS«) verkaufte zunächst Threewheeler: zwei Räder vorn, ein Antriebsrad hinten. 1936 kam der 4/4 mit vier Rädern und einem Vierzylindermotor. Das war im Grunde das einzige revolutionäre Ereignis der Firmengeschichte, wenn man davon absieht, dass 2013 der Enkel von HFS als Chef abtrat und somit zum ersten Mal seit über hundert Jahren kein Morgan die Firma leitete.

Der Fourfour im Bild hat unseren Berichtszeitraum, die 50er und 60er Jahre, komplett im Dornröschenschlaf verbracht. 1936 gebaut, wurde er von seinem englischen Besitzer im Krieg versteckt. Einige Teile wurden abmontiert, mit Brettern und Stroh bedeckt kam das Auto in eine Scheune und tauchte erst 1974 wieder auf. Es ist der zweite je gebaute Morgan mit vier Rädern, also quasi die stilprägende Urmutter aller englischen Roadster, die in unserer 111er-Sammlung auftauchen (schauen Sie mal den Kleinschnittger, Nummer 26, an). Das Auto ist unrestauriert und hat kaum Meilen auf dem Tacho. Bei gutem Licht erkennt man noch die Pinselstriche, mit denen das Grün auf die Kotflügel lackiert wurde, damals in der Pickersleigh Road in Malvern. Ein Automärchen und eine typische Oldtimer-Story.

__ Produziert seit 1936, hier sehen wir Chassis Nummer 26, den zweitältesten Morgan mit vier Rädern. Käferumrechnung 1936? Sehr witzig!

BVP 815

111_TVR Grantura Mark IIa

Der Bausatz

Wenn es kein Auto ist, dann fallen auch nicht die Steuern an, die man beim Kauf eines Autos zahlen müsste. Mit dieser einfachen Regel konnten TVR-Käufer Geld sparen, denn sie erstanden kein Auto, sondern einen Bausatz. Geliefert wurden mehrere Kisten, darin fand man einen Motor, einen Rahmen aus Stahlrohren und eine Karosserie aus Glasfaser. 900 Pfund – statt regulär 1.200 – kostete so ein Kit, das man in der Werkstatt seines Vertrauens zusammenbauen ließ. Oder man erledigte das selbst im Hinterhof.

Im Norden von England, in Blackpool, saß der Hersteller TVR. Die drei Buchstaben stehen für den Vornamen von Gründer Trevor Wilkinson. Auch das Modell auf unserem Foto hat so einen zusammengezogenen Namen: Grantura. Etwas gestreckt bedeutet das »Grand Tourer« – aber bei einem kaum dreieinhalb Meter kurzen Straßenfloh ist es natürlich passend, auch den Namen zu kürzen. Innen ist es im Grantura übrigens verblüffend geräumig. Zwei Leute können es sich recht bequem machen. Die Rückenlehnen sind fast unter der Heckscheibe, eine kleine Tasche kann man noch dahinter verstauen, für alles, was man bei einer Ausfahrt so braucht.

Einen ganzen Nachmittag durfte ich in dem grünen Grantura mal als Beifahrer verbringen. Meine Aufgabe war es, Blätter von einer Küchenrolle abzureißen und damit das Armaturenbrett halbwegs trocken zu halten, denn es regnete wie aus Kübeln. Auch im Auto. Irgendwo unter der Frontscheibe kleckerte es ständig rein. Warum wir trotzdem unterwegs waren? Die jährliche Trips-Gedächtnisfahrt stand an, da ist schlechtes Wetter keine Ausrede. Der deutsche Formel-1-Star Wolfgang Graf Berghe von Trips, der 1961 in Monza tödlich verunglückte, stammte aus Kerpen bei Köln (wie Michael Schumacher). Nahe seinem Familiensitz findet regelmäßig eine Findigkeitsfahrt für Oldtimer statt. Da geht es nicht ums Tempo, sondern darum, Aufgaben zu lösen und Dinge zu finden. Solche Veranstaltungen gibt es im Sommer an vielen Orten, oft veranstaltet von Clubs. Wer die Chance hat, bei so etwas dabei zu sein, sollte sie sich nicht entgehen lassen. Zewarolle nicht vergessen!

Gebaut von 1958 bis 1963
als MK II (wie im Bild):
400 Stück.
Als MK I und III: 190 Stück.
1.200- bis 1.600-ccm-Motoren
von Ford oder MG brachten
die Flitzer auf 160 km/h.
0 auf 100 in 12 Sekunden.
1963 entsprach der Neupreis:
3 VW Käfer Standard
(bei Eigenbau: 2,3 Käfer).

K ML 5000H

— Ob als Passenger oder Driver: Hoffentlich sehen wir uns bald mal im Oldtimer!

PASSENGERS
RIDE AT THEIR
OWN RISK

Der Autor dankt den Besitzern der über 80 Autos, die er für dieses Buch fotografieren durfte. Für weitere Bilder oder Hilfe bei der Erstellung geht Dank an folgende Personen und Institutionen:

Bildnachweis nach Seitenzahlen

S. 9: Matthias Klein, S. 13: Dirk de Groen, S. 25: TBird Weddings yes@t-bird-weddings.de ©Rainer Heck, S. 29: Matzker KFZ-Technik Köln, S. 33: Urs Felix Bislin, S. 40: Trabantvermietung Chemnitz, ©Eric Lenz, Instagram @iamericlenz, S. 53: jbristol118, S. 57/189: Etienne Musslin, S. 59: Paulo Eduardo Sipoli Faria, S. 63: Fabio Pogliaghi, S. 71: Greg Arnold, S. 77: Die Wand im Hintergrund zeigt ein Werk von osa – office for subversive architecture beim KunstWerk Köln e.V., S. 83: Instagram @Abgewrackter, S. 87: Sabrine Mensi, Djerba, S. 89: Geraldine de Comtes, www.Renault4onTour.at, S. 93: Akihiro Tsuji, S. 97/99/147/149/181/205: Volvo Historical Archive, S. 103/241: Marina Block, Automuseum Melle, S. 105/297: Felix Schreiber, S. 109: Vicken Babkenian, S. 111: Heritage-Images/National Motor Museum/akg-images, S. 113: Matthieu Hout, S. 115: Alex Eventfahrten (www.alex-eventfahrten.de) Instagram @Ecto1_Germany, S. 117: Cadillac Christine by Alex Eventfahrten (www.alex-eventfahrten.de), S. 121: Louwman Museum Den Haag, S. 127: Sabine und Michael Rausch, S. 129: AutoStärke, Thrissur, Indien, www.autostarke.com, S. 135: Polizeipräsidium Frankfurt, S. 145: Marius Mifka, www.Mifkaphotography.de, S. 155: Auto und Foto @therview, S. 159: Speed 8 Classics, S. 161: Bastian Voigt Collectors Cars GmbH, Fabian Räker, S. 167: Cristiano Zanot, S. 171/173: Opel Automobile GmbH, S. 175: AuthenticValue, S. 179: David McAnulty, Brightwell Motor Company (Hockley, Essex), S. 185/187: Polizeipräsidium Oberbayern Nord, S. 209: Matt Nicoll-Jones, S. 221: Simon Staadegaard, Instagram @simondaf33, S. 229: Bosch Classic, S. 231: Jochen Seelhammer für Scuderia Colonia Sportiva, S. 243: Vladimir Cettl, S. 247/249: Centro Documentazione Alfa Romeo – Arese, S. 259: Martin Lingenhöl, S. 275: Volkswagen Aktiengesellschaft, S. 285: Mohsin Ikram, S. 287: Hanif Bhatti, S. 289: Automuseum Melle – Geschichte auf Rädern, S. 293: Rudy Lambrechts.

Bibliografische Information der Deutschen Nationalbibliothek
Die Deutsche Nationalbibliothek verzeichnet diese Publikation in der Deutschen Nationalbibliografie; detaillierte bibliografische Daten sind im Internet über http://dnb.d-nb.de abrufbar.

Autorenfoto: Saschko Bach
Layout: Ralf Reiche, Weusthoff und Reiche Design, Köln
Druck und Bindung: Optimal Media, Röbel/Müritz
Printed in Germany 2022
ISBN 978-3-7408-1442-7
Originalausgabe

MIX
Papier aus verantwortungsvollen Quellen
FSC www.fsc.org
FSC® C108521

Martin Nusch ist Journalist und Autor. Er macht Hörspiele, berichtet als Radioreporter für den WDR und hat für Emons zwei Bücher über Ausflüge in NRW geschrieben. Seit knapp 30 Jahren bewegt er sich mit seinem 60er-Jahre-Dieselbenz durch die Welt. Jetzt hat er endlich sein Hobby zum Buch gemacht.